はじめに

『1対1対応の演習』シリーズは，入試問題から基本的あるいは典型的だけど重要な意味を持っていて，得るところが大きいものを精選し，その問題を通して

　　　入試の標準問題を確実に解ける力

をつけてもらおうというねらいで作った本です．

さらに，難関校レベルの問題を解く際の足固めをするのに最適な本になることを目指しました．

そして，入試の標準問題を確実に解ける力が，問題を精選してできるだけ少ない題数（本書で取り上げた例題は54題です）で身につくように心がけ，そのレベルまで，

　　　効率よく到達してもらうこと

を目標に編集しました．

以上のように，受験を意識した本書ですが，教科書にしたがった構成ですし，解説においては，高1生でも理解できるよう，分かりやすさを心がけました．学校で一つの単元を学習した後でなら，その単元について，本書で無理なく入試のレベルを知ることができるでしょう．

なお，教科書レベルから入試の基本レベルの橋渡しになる本として『プレ1対1対応の演習』シリーズがあります．また，数ⅠAⅡBを一通り学習した大学受験生を対象に，入試の基礎を要点と演習で身につけるための本として「入試数学の基礎徹底」（月刊「大学への数学」の増刊号として発行）があります．

問題のレベルについて，もう少し具体的に述べましょう．入試問題を10段階に分け，易しい方を1として，

　1〜5の問題……A（基本）
　6〜7の問題……B（標準）
　8〜9の問題……C（発展）
　10の問題………D（難問）

とランク分けします．この基準で本書と，本書の前後に位置する月刊「大学への数学」の増刊号

　「入試数学の基礎徹底」（「基礎徹底」と略す）
　「新数学スタンダード演習」（「新スタ」と略す）
　「新数学演習」（「新数演」と略す）

のレベルを示すと，次のようになります．（濃い網目のレベルの問題を主に採用）

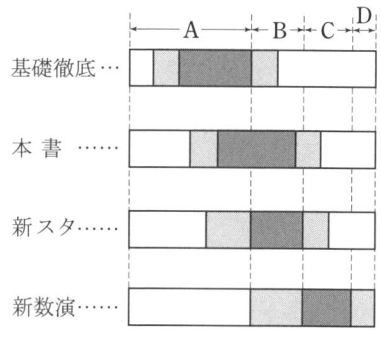

本書を活用して，数Aの入試への足固めをしていってください．

皆さんの目標達成に本書がお役に立てれば幸いです．

本書の構成と利用法

坪田三千雄

本書のタイトルにある '1対1対応' の意味から説明しましょう．

まず例題(四角で囲ってある問題)によって，例題のテーマにおいて必要になる知識や手法を確認してもらいます．その上で，例題と同じテーマで1対1に対応した演習題によって，その知識，手法を問題で適用できる程に身についたかどうかを確認しつつ，一歩一歩前進してもらおうということです．この例題と演習題，さらに各分野の要点の整理（4ページまたは2ページ）などについて，以下，もう少し詳しく説明します．（なお，本書では，数ⅠAに限定すると窮屈なときは，無理に限定せず，数Ⅱ等の内容に一部踏み込んでいます．）

要点の整理： その分野の問題を解くために必要な定義，用語，定理，必須事項などをコンパクトにまとめました．入試との小さくはないギャップを埋めるために，一部，教科書にない事柄についても述べていますが，ぜひとも覚えておきたい事柄のみに限定しました．

例題： 原則として，基本〜標準の入試問題の中から
・これからも出題される典型問題
・一度は解いておきたい必須問題
・幅広い応用がきく汎用問題
・合否への影響が大きい決定問題
の54題を精選しました（出典のないものは新作問題，あるいは入試問題を大幅に改題した問題）．そして，どのようなテーマかがはっきり分かるように，一題ごとにタイトルをつけました（大きなタイトル／細かなタイトル の形式です）．なお，問題のテーマを明確にするため原題を変えたものがありますが，特に断っていない場合もあります．

解答の前文として，そのページのテーマに関する重要手法や解法などをコンパクトにまとめました．前文を読むことで，一題の例題を通して得られる理解が鮮明になります．入試直前期にこの部分を一通り読み直すと，よい復習になるでしょう．

解答は，試験場で適用できる，ごく自然なものを採用し，計算は一部の単純計算を除いては，ほとんど省略せずに目で追える程度に詳しくしました．また解答の右側には，傍注（⇔ではじまる説明）で，解答の補足や，使った定理・公式等の説明を行いました．どの部分についての説明かはっきりさせるため，原則として，解答の該当部分にアンダーライン（―――）を引きました（容易に分かるような場合は省略しました）．

演習題： 例題と同じテーマの問題を選びました．例題よりは少し難し目ですが，例題の解答や解説，傍注等をじっくりと読みこなせば，解いていけるはずです．最初はうまくいかなくても，焦らずにじっくりと考えるようにしてください．また横の枠囲みをヒントにしてください．

そして，例題の解答や解説を頼りに解いた問題については，時間をおいて，今度は演習題だけを解いてみるようにすれば，一層確実な力がつくでしょう．

演習題の解答： 解答の最初に各問題のランクなどを表の形で明記しました（ランク分けについては前ページを見てください）．その表にはA∗，B∗◦ というように ∗ や ◦ マークもつけてあります．これは，解答を完成するまでの受験生にとっての "目標時間" であって，∗は1つにつき10分，◦ は5分です．たとえばB∗◦ の問題は，標準問題であって，15分以内で解答して欲しいという意味です．高1生にとってはやや厳しいでしょう．

ミニ講座： 例題の前文で詳しく書き切れなかった重要手法や，やや発展的な問題に対する解法などを1〜2ページで解説したものです．

コラム： その分野に関連する興味深い話題の紹介です．

本書で使う記号など： 上記で，問題の難易や目標時間で使う記号の説明をしました．それ以外では，
⇨注は初心者のための，➡注はすべての人のための，➡注は意欲的な人のための注意事項です．

1対1対応の演習 数学A 新訂版

目次

場合の数	飯島　康之	5
確率	飯島　康之	29
整数	飯島　康之	55
図形の性質	石井　俊全	91

ミニ講座
1. 重複組合せいろいろ …… 25
2. 円順列と数珠順列 …… 26
3. ダブルカウントに注意 …… 52
4. カタラン数 …… 53
5. 整数値をとる多項式 …… 87
6. とことん $ax+by=c$ …… 88
7. 大小設定のナゾ …… 90
8. 立体の埋め込み …… 114
9. 作図 …… 116
10. 一致法 …… 118

超ミニ講座
- $_nC_r$ がらみの話 …… 86
- 部屋割り論法 …… 86

コラム
- 速決ジャンケン …… 54

場合の数

- ■ 要点の整理　　　　　　　　　　　　　　　6

- ■ 例題と演習題
  - 1　順列／整数・重複しない　　　　　　　8
  - 2　順列／隣り合う　　　　　　　　　　　9
  - 3　順列／隣り合わない　　　　　　　　10
  - 4　順列／連続する　　　　　　　　　　11
  - 5　円順列　　　　　　　　　　　　　　12
  - 6　順列／増加していく　　　　　　　　13
  - 7　重複組合せ　　　　　　　　　　　　14
  - 8　分割／組を区別しない　　　　　　　15
  - 9　分割／組を区別する　　　　　　　　16
  - 10　最短経路　　　　　　　　　　　　　17
  - 11　図形　　　　　　　　　　　　　　　18
  - 12　塗り分け　　　　　　　　　　　　　19

- ■ 演習題の解答　　　　　　　　　　　　　20

- ■ ミニ講座・1　重複組合せいろいろ　　　　25
  ミニ講座・2　円順列と数珠順列　　　　　26

場合の数
要点の整理

1. 順列・組合せ

6枚のカード①②③④⑤⑥から3枚を選んで横一列に並べ，3桁の自然数を作るとしよう．

右のような樹形図を書くと，
- 百位の数は6通り．
- 1本目の枝は，百位の数1つにつき5本．よって十位の数には 6×5 個の数が並ぶ．
- 2本目の枝は，十位の数1つにつき4本．よって一位の数には $6\times5\times4$ 個の数が並ぶ．

となって，3桁の自然数は $6\times5\times4=$ **120** 個できることがわかる．

一般に，異なる n 個のものから r 個を選び，その r 個を一列に並べて得られるもの（**順列**という）の個数は
$$n(n-1)\cdots\cdots(n-(r-1)) \quad [r\text{個の数の積}]$$
であり，これを $_n\mathrm{P}_r$ という記号で表す．階乗（1から n までの n 個の自然数の積を n の階乗といい，$n!$ で表す）の記号を用いると，
$$_n\mathrm{P}_r = \frac{n!}{(n-r)!}$$
と書ける．

次に，上の6枚のカード①～⑥から3枚を選ぶ（どの3枚が選ばれたかだけに着目する）ときに選び方が何通りあるかを考えよう．この選び方を**組合せ**という．

3枚の組合せ1通りに対して，順列（3桁の自然数）は $_3\mathrm{P}_3 = 3! = 3\cdot2\cdot1 = 6$ 通りできるから，3枚の組合せが x 通りあるとすると，
$$x\times6 = 120 \qquad \therefore\quad x = \mathbf{20}$$
となる．

一般に，異なる n 個のものから r 個を選ぶ組合せの個数を $_n\mathrm{C}_r$ で表す．上と同様に
$$_n\mathrm{C}_r \times {}_r\mathrm{P}_r = {}_n\mathrm{P}_r$$
であるから，

$$_n\mathrm{C}_r = \frac{_n\mathrm{P}_r}{_r\mathrm{P}_r} = \frac{n!}{r!(n-r)!} \quad\cdots\cdots\text{①}$$

となる．実際の数値計算は，$(n-r)!$ を約分した形
$$_n\mathrm{C}_r = \frac{n(n-1)\cdots\cdots(n-(r-1))}{r!}$$
［分子は r 個の自然数の積で n から1ずつ減らしていく］ですることが多い．また，$r > n/2$ のときは
$$_n\mathrm{C}_r = {}_n\mathrm{C}_{n-r} \quad\cdots\cdots\text{②}$$
を活用して r を小さくしておくとよい．なお，②は①を用いても確かめられるが，「n 個から r 個を選ぶことと（ここで選ばれなかった）$n-r$ 個を選ぶことは同じ」と考えれば明らかである．

> **例題1.** A，A，B，B を並べてできる4文字の文字列は全部でいくつあるか．

数え上げ（全部の文字列を書く）でできる程度の個数であるが，辞書式に書き出していかないと間違える可能性が高くなる．この例題では，
```
    AABB, ABAB, ABBA,
    BAAB, BABA, BBAA
```
とすれば過不足がないことが明白．答えは6個である．

計算でも求めてみよう．文字列は順列であるが，例えば1文字目はAかBで2通り，2文字目も2通り，のようにするとうまくいかない．AAの次はBしかないが，ABの次はAでもBでもよく，単純にかけ算で求めることはできない．

同じものを含む順列では，最初に文字を配置する場所を用意しておき，①②③④ どの文字をどこに配置するか，と考えるとよい．この例題では，「Aを配置する2か所を選ぶ」と考える．残り2か所はBになって文字列が1つ決まるので，求める個数は「4個から2個を選ぶ組合せの個数」で
$$_4\mathrm{C}_2 = \frac{4\cdot3}{2\cdot1} = \mathbf{6}\ （個）$$
となる．

2. 和の法則

和集合の要素の個数に関する公式
$$n(A \cup B) = n(A) + n(B) - n(A \cap B) \quad \cdots ③$$
は特に重要である（$n(X)$ は集合 X の要素の個数を表す）．公式の丸暗記より，

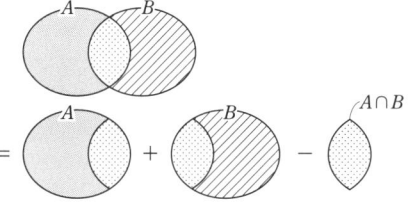

のようなイメージを大切にしよう．

> **例題 2**．6 枚のカード ①②③④⑤⑥ から 3 枚を選び，横一列に並べて 3 桁の自然数を作る．1 または 2 を含む自然数はいくつあるか．

まず，上の公式を使って解いてみよう．①〜⑥ の中の 3 枚を並べてできる自然数のうち，1 を含むもの全体の集合を A，2 を含むもの全体の集合を B とする．

$n(A)$ について： ① を含む 3 枚のカードの組合せは，① 以外の 2 枚の組合せを考えればよく，${}_5C_2 = 10$ 通り．3 枚のカードの組合せ 1 通りに対して並べ方（並べてできる自然数）は $3! = 6$ 通りあるから，$n(A) = 10 \times 6 = 60$

$n(B)$ について： 同様に $n(B) = 60$

$n(A \cap B)$ について： ①② を含む 3 枚の組合せは，残りの 1 枚を考えて 4 通り．並べ方は各 6 通りだから，$n(A \cap B) = 4 \times 6 = 24$

以上より，
$$n(A \cup B) = n(A) + n(B) - n(A \cap B)$$
$$= 60 + 60 - 24 = \mathbf{96} \text{（個）}$$

*　　　　　*

例題 2 の解答としてはこれでよいのであるが，実は全体から条件を満たさないものを引く方が早い．$\overline{X}$ で「全体集合 U の要素であって X の要素でないもの」（X の補集合という）を表すとき，

$$n(X) = n(U) - n(\overline{X}) \quad \cdots ④$$

が成り立つことを用いる．

例題 2 では，求めたいものの補集合は「1 も 2 も含まない自然数」であるから，③④⑤⑥ から 3 枚を選んで横一列に並べて作られる自然数である．それは ${}_4P_3 = 4 \cdot 3 \cdot 2 = 24$（個）あるから，全体（${}_6P_3 = 120$ 個）から引いて 96 個が答えとなる．

*　　　　　*

公式 ③ は，第 1 の解法のように，求めたいものが左辺で実際に計算するのは右辺，という使い方をすることが多い．これは，「または」の条件より「かつ」の条件の方が扱いやすいことが多いからである．第 2 の解法は，ド・モルガンの法則（本シリーズ数Ⅰ p.68）
$$\overline{A \cap B} = \overline{A} \cup \overline{B}, \quad \overline{A \cup B} = \overline{A} \cap \overline{B}$$
を用いて「または」を「かつ」に変換している．④ で $X = A \cup B$ とし，ド・モルガンの法則の後者を使うと
$$n(A \cup B) = n(U) - n(\overline{A \cup B}) = n(U) - n(\overline{A} \cap \overline{B})$$
となる．$\overline{A} \cap \overline{B}$ を日本語で書いたものが「1 も 2 も含まない」である．

なお，④ は「少なくとも 1 つ…」というときに使うことが多い．これを否定すると「すべてが…でない」となって扱いやすいからである．

3. 区別する・しない

場合の数の問題では，人は区別する，モノや文字は区別しないのが前提（暗黙の了解）である．問題文に明記されていなければこのルールに従う．

最終的な答えはこれに従って求めなければならないが，「とりあえず区別する」のは自由である．例えば，例題 1 で 2 つの A，2 つの B をそれぞれ区別して A_1, A_2, B_1, B_2 とすると，これらの順列は $4!$ 通りある．区別のない文字列 1 つについて，どちらの A を A_1 にするか，どちらの B を B_1 にするかが 2 通りずつあって，区別する文字列 4 通り（$4 = 2 \times 2$）と対応する．従って求める個数は $\dfrac{4!}{2 \times 2} = 6$（個）とすることもできる．

1 順列／整数・重複しない

5個の数字 0, 1, 2, 3, 4 から異なる3個の数字を選んで3桁の整数をつくるとする．
（1） 奇数は ア 通り，偶数は イ 通りできる．
（2） 4の倍数は ___ 通りできる．
（3） 321 より小さい整数は ___ 通りできる．
（4） つくられる3桁の整数を，すべて足し合わせた数は ___ となる． （大阪経済大）

制約の強い桁から 数字を並べて条件を満たす整数を作る問題では，制約の強い桁から決めていくのが定石である．奇数・偶数の場合は，一位（それぞれ奇数・偶数）⇨ 最高位（0でない）⇨ 十位（制約なし）の順に考えるとよい．4の倍数は「下2桁が4の倍数」である．

和は桁ごとに計算 和の計算は桁ごとに行うのがポイント．傍注を参照．

■**解 答**■

（1） ア： 奇数になるのは一位が1か3のときである．＊＊1 は，百位が 2, 3, 4 の3通りで十位が（一位，百位以外の）3通りなので 3×3=9 通り．＊＊3 も同様に 9 通りで，合わせて **18 通り**．
⇦百位は最高位なので0でない．
⇦十位は制約がないので最後に決める．いつでも3通り．

イ： 偶数になるのは一位が0か2か4のときである．＊＊0 は，百位が4通り，十位が3通りで12通り．＊＊2 は百位が 1, 3, 4 の 3 通りで十位が 3 通りなので 9 通り．＊＊4 も同様に 9 通り．合わせて 12+9×2=**30 通り**．
⇦一位に0を使ったのであとは自由．

（2） 4の倍数になるのは下2桁が4の倍数のときだから，下の6タイプ．
　　　＊04，＊12，＊20，＊24，＊32，＊40
＊04，＊20，＊40 の＊は各3通り，＊12，＊24，＊32 の＊は各2通りなので，全部で 3×3+2×3=**15 通り**．
⇦小さい順．
⇦0を含むか含まないか．

（3） 1＊＊は 4×3=12 通り，2＊＊も 12 通り．30＊ 3 通り，31＊ 3 通りであり，ここまでで 12+12+3+3=30 通り．これに 320, 321 が続くので 321 より小さい整数は **31 通り**．
⇦321 までの個数を小さい方から数えていく．1＊＊は十位が 4 通りで一位が 3 通り．

（4） すべての整数を桁ごとに足す．
　百位： 1＊＊，2＊＊，3＊＊，4＊＊は 12 通りずつあるので，和は
　　　　　(100+200+300+400)×12=12000
　十位： ＊0＊は和に影響しない．＊1＊，＊2＊，＊3＊，＊4＊は
（百位が 3 通り，一位が 3 通りで）9 通りずつあるので，和は
　　　　　(10+20+30+40)×9=900
　一位： ＊＊1，＊＊2，＊＊3，＊＊4 は 9 通りずつあるので，和は
　　　　　(1+2+3+4)×9=90
　以上を合わせて，12000+900+90=**12990**

⇦ 102=100×1+10×0+1×2
　　　⋮　　⋮　　⋮
　134=100×1+10×3+1×4
　　　⋮　　⋮　　⋮
　432=100×4+10×3+1×2
網目部それぞれの和を計算する．

───**1 演習題**（解答は p.20）───

袋の中に1から5までの整数が1つずつ記入されたカードが各1枚ずつ全部で5枚入っている．この中から1枚ずつもとに戻さずに，3枚のカードを取り出して順に並べ，3桁の整数をつくる．
（1） このようにしてつくられる整数は全部で ___ 個ある．
（2） 偶数のカードが少なくとも1枚使われている整数は ___ 個ある．
（3） 1のカードが使われている整数は ___ 個ある．
（4） 3の倍数である整数は ___ 個ある．
（5） （1）の整数のすべての和は ___ である． （帝京大）

（2）は，偶数のカードが使われない方を数えると早い．（4）はまずカード3枚の組合せを考える．

2 順列／隣り合う

5個の文字 A, A, B, B, X を横一列に並べる．ただし，同じ文字どうしは区別しないものとする．
(1) この並べ方は ☐ 通りある．
(2) A と A が隣り合うような並べ方は ☐ 通りある．
(3) A と A が隣り合い，かつ，B と B も隣り合うような並べ方は ☐ 通りある．
(4) A と A が隣り合わず，かつ，B と B も隣り合わないような並べ方は ☐ 通りある．
(5) X より右側と左側にそれぞれ1つずつ A があるような並べ方は ☐ 通りある．
（例：AXBAB）
（立命館大・理系）

同じ文字が複数あるとき 同じ文字が複数ある（区別しない）ので，(1)は5!ではない．このような問題では，文字を配置する場所を ①②③④⑤ のように用意しておき，「同じ種類の文字を置く場所を一度に選ぶ」つまり，例えば A を置く2か所をまず選ぶ（${}_5C_2$通り）と考えるとよい．

隣り合うものはひとつにまとめる (2)では，隣り合う A をまとめ，AA を1つの文字とみなす．

解 答

(1) 文字を置く5か所（右の①〜⑤）から2か所を選んで A を置き，残りの3か所から2か所を選んで B を置く（最後に残ったところが X）と文字列が1つ決まるので，

$$_5C_2 \times {}_3C_2 = \frac{5 \cdot 4}{2} \times \frac{3 \cdot 2}{2} = \mathbf{30} \text{（通り）}$$

⇔同種の文字の場所を一度に決めるのは，ダブルカウントを避けるため．例えば，
1個目の A を①，2個目の A を④のようにすると，
1個目の A を④，2個目の A を①と重複してしまう．

(2) 隣り合う A を，AA という1つの文字とみなし，AA，B，B，X を並べると考える．(1)と同様，AA の場所，X の場所の順で決めると考えて，

$$4 \times 3 = \mathbf{12}\text{（通り）}$$

(3) 3つの文字 AA，BB，X を並べると考えて $3! = \mathbf{6}$ 通り）

(4) 求めるものは右図網目部の文字列の個数である．
(2)から A は12個，B も同数の12個で，(3)から A かつ B は6個だから，A または B は

$12 + 12 - 6 = 18$ 個

よって，答えは，$30 - 18 = \mathbf{12}$ （通り）

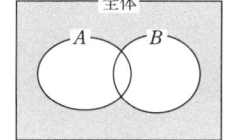

A：A が隣り合う
B：B が隣り合う

(5) B の位置（(1)の①〜⑤のうちの2か所）を決めると残りの3か所は左から A，X，A となるしかないので題意の文字列が1つ決まる．従って，${}_5C_2 = \mathbf{10}$ 通り．

【別解】
(5) AXA を先に並べておき，両端と間に B を入れる．
　B が隣り合う場合，右の4個の↑から1つ選んで BB
を入れるので4通り．B が隣り合わない場合，4個の↑から異なる2個を選んで B を1個ずつ入れるので ${}_4C_2 = 6$ 通り．合わせて，$4 + 6 = \mathbf{10}$ 通り．

↑A ↑X ↑A ↑

● 2 演習題（解答は p.20）

7個の文字 F, G, G, I, I, U, U を横一列に並べる．
(1) 「GIFU」という連続した4文字が現れるように並べる方法は何通りあるか．
(2) 「GI」，「FU」という連続した2文字がともに現れ，少なくとも1つの「GI」が「FU」よりも左にあるように並べる方法は何通りあるか．
（岐阜大）

GIFU, GI, FU を1文字とみなすが，(2)は FU より左に GI が2つ現れる場合がある．

3 順列／隣り合わない

赤のカード4枚と青のカード5枚を1列に並べる．ただし，同じ色のカードは区別しないとする．このとき，並べ方は全部で ア 通りである．また，赤のカードが隣り合わない並べ方は全部で イ 通りである．

（甲南大）

隣り合わないものはあとから入れる ○2では，「全体から隣り合うものを引く」という方針で隣り合わない並べ方の総数を求めた．隣り合う場合が数えやすいときはこの方針がよいが，上の例題で「赤4枚のうちの2枚以上が隣り合う」を直接数えるのは大変．隣り合ってよいものを並べておいて隣り合わないものをあとから入れる，と考えると一発で数えられる．

解答

ア： カードを置く9か所のうち，赤の4か所を決めればカードの並べ方は決まるので，求める場合の数は

$$_9C_4 = \frac{9 \cdot 8 \cdot 7 \cdot 6}{4 \cdot 3 \cdot 2} = 9 \cdot 2 \cdot 7 = \mathbf{126} \text{（通り）}$$

イ： 青のカード5枚を並べておき，カードの間4か所と両端2か所の計6か所（図の↑）から4か所を選んで赤のカードを入れれば赤のカードが隣り合わない並べ方が得られる．

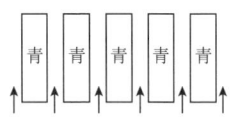

⇐これで赤が隣り合わない並べ方がすべて得られる．

よって，求める場合の数は $_6C_4 = {}_6C_2 = \mathbf{15}$（通り）

➡注 「赤4枚のうちの2枚以上が隣り合う」を直接数えるのは難しい．
例えば，赤赤（赤2枚をくっつけて1枚とみなす），残りの赤2枚，青5枚の計8枚を並べると考えると，赤赤，赤2枚の順に置く場所を決めるとして

$$8 \times {}_7C_2 = 8 \times 21 = 168 \text{（通り）}$$

になってしまう（全体より多い！）．これはダブルカウントが原因で，赤がちょうど3連続する場合を考えてみると，1つの並びが

… 赤赤 赤 …，… 赤 赤赤 …

と2通りに数えられている．

⇐他にもダブルカウントがあり，補正するのは大変．

○2の例題(2)では，隣り合う文字が2個だけなのでダブルカウントは生じない．

演習題（解答はp.20）

KOUKADAIの8文字から作られる順列を考える．
(1) 順列は全部で何通りあるか．
(2) 同じ文字は隣り合わない順列は，何通りあるか．
(3) 子音文字（K, K, D）が隣り合わない順列は，何通りあるか．

（東京工科大）

> KとAが2個ずつある．
> (2)は○2の例題と同じ解き方でもよい．

4 順列／連続する

3個の●と6個の○を1列に並べるとき，
(1) ●が連続して2個以上並んでいる並び方は，□通りある．
(2) ○が連続して4個以上並んでいる並び方は，□通りある．

（武庫川女子大）

どこから連続するか，を考える 連続する（隣り合う）という条件のときは連続するものをひとまとめにするのが定石の1つである．しかし，本問のような場合（3つの●のうちの2つ以上が連続する）では間違いのもとになりやすい．○3の例題の注で述べたようなダブルカウントが発生するからである．そこで，「左から見ていったときに，どこではじめて●が連続するか」と考え，これを場合わけの基準にする．場合わけが多くなって面倒になりそうだが，ほとんどを機械的に処理することができ，おすすめの解法である．なお，この方針でも問題によってはダブルカウントが発生する（☞傍注）．

▤解答▤

(1) 左から見ていったときに●がはじめて連続するのはどこか，で分類すると右のA～Hになる．＊は●でも○でもよい．

Aの＊7個には●1個と○6個を自由に並べるので，7通り．

B～Hの＊（いずれも6個）には●1個と○5個を自由に並べるので，各6通り．

以上より，全部で 7+6×7=**49**（通り）

(2) 左から見ていったときに○がはじめて4連続するのはどこか，で分類すると右のU～Zになる．

Uの＊5個には●3個と○2個を並べるので，並べ方は $_5C_2=10$ 通り．

V～Zの＊4個には●2個と○2個を並べるので $_4C_2=6$ 通りずつ．

よって，10+6×5=**40**（通り）

```
A ●●＊＊＊＊＊＊＊    ⇐1個目から．
B ○●●＊＊＊＊＊＊    ⇐2個目からなので1個目は○．
C ＊○●●＊＊＊＊＊
D ＊＊○●●＊＊＊＊    ⇐●は3個なので，○の左側の＊＊
E ＊＊＊○●●＊＊＊     が●●となることはなく，Aと
F ＊＊＊＊○●●＊＊     ダブルカウントになることはない．
G ＊＊＊＊＊○●●＊     他も同様．
H ＊＊＊＊＊＊○●●    ⇐●は3個なので重複はない．

U ○○○○＊＊＊＊＊
V ●○○○○＊＊＊＊
W ＊●○○○○＊＊＊
X ＊＊●○○○○＊＊
Y ＊＊＊●○○○○＊
Z ＊＊＊＊●○○○○    ⇐Zの＊＊＊＊が○○○○になる
                       ことがあるとUとダブルカウン
                       トだが，＊＊＊＊には●2個と○
                       2個を並べるのでそうはならない．
```

♢4 演習題（解答は p.21）

0と1が左から順に12個並んでいる．
(1) 列 111111 を一つのみ含む組み合わせはいくつあるか答えよ．
(2) 列 111111 を少なくとも一つ含む組み合わせはいくつあるか答えよ．

（摂南大の一部）

> 例題と同様の分類をする．(1)は111111の前後は0か端．(2)は1が6個以上連続．

5 円順列

大人 5 人，子ども 3 人が円形のテーブルに座るとき，子ども同士が隣り合わないような座りかたは全部で ☐ 通りある． （山梨学院大）

回転は同一視 「円形のテーブルに座る」あるいは「円形に並べる」というときは，問題文に明記されていなくても回転して一致するものは同じとみなす．例えば右図の2つは1人分ずらしただけなので同じ並び方である．本問のように，人が並ぶ場合は特定の1人の位置を固定して（例えばAを左図の位置にして）残りの人の並び方を考えるとよい．なお，ミニ講座（p.26）も参照．

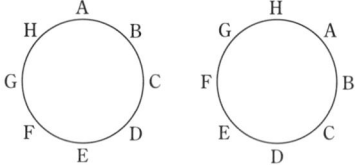

≡ 解 答 ≡

大人の特定の1人をAとし，Aの位置を固定する．

まずA以外の大人4人を図の○の位置に並べ，その間（矢印の位置）に子どもを入れる．

大人4人の並び方は $4!=24$ 通り．

子ども3人を a，b，c とする．a の位置の決め方は 5 通り．b は a と隣り合わないので a 以外の4か所の矢印から選び，4通り．c は残り3か所から選び，3通り．

以上より，求める場合の数は，$24 \times 5 \times 4 \times 3 = \mathbf{1440}$ （通り）

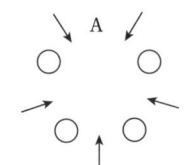

⇦ 隣り合わないものはあとから入れる（☞○3），という原則に従った解法．

⇦ 5か所の矢印のうちの3か所に子どもを並べることになる．

【別解】

子どもの特定の1人 a の位置を固定すると，残りの子ども2人（●印）と大人5人（○印）の配置は右の6パターンある．

それぞれについて子ども2人の並び方が $2!$ 通り，大人5人の並び方が $5!$ 通りだから，求める場合の数は $6 \times 2! \times 5! = 6 \times 2 \times 120 = \mathbf{1440}$

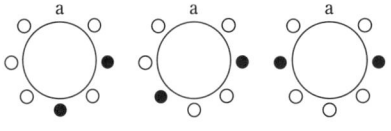

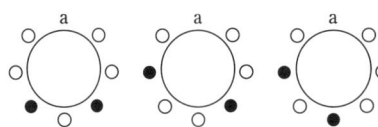

⇦ 子どもは隣り合わないから，配置のパターンは多くないはず．それをまず列挙してしまおうという作戦．a から時計回りに見て，子ども2人が"近い"順に（辞書式に）並べる．

○5 演習題（解答は p.21）

1組から4組まで，各組男女1名ずつの学級委員が円形のテーブルを囲んで座るとし，その席順を考える．ただし，回転して席の並びが一致するものは，同一の席順とみなす．

(1) 席順は，全部で ☐ 通りある．

(2) 男女交互に座る席順は，☐ 通りある．

(3) 男女交互に座り，かつ各組の男女の委員が隣り合わせになる席順は，☐ 通りある．

(4) 男女交互に座り，かつ各組の男女の委員が1組も隣り合わせにならない席順は，☐ 通りある．

（東京工科大・応生，コンピュータ）

例題と同様，特定の1人（例えば1組の男）を固定する．

● 6 順列／増加していく

サイコロを4回投げたときに出る目を，順に x, y, z, w とする．
(1) $x<y<z<w$ となる場合の数は ☐ 通り．
(2) $x\leqq y\leqq z\leqq w$ となる場合の数は ☐ 通り．
(3) $x\leqq y<z\leqq w$ となる場合の数は ☐ 通り．

（立正大）

「等号なし」は「異なる数を選ぶ」 問題を言いかえると，「x, y, z, w は1以上6以下の整数とする．$x<y<z<w$ を満たす x, y, z, w の組はいくつあるか」となる．1～6から異なる4個を選べばよく，一発で数えられる．

「等号つき」は「等号なし」に帰着 (2)(3)は，≦ のうちのどれが = になるかで場合わけして解くこともできる（= 以外の ≦ は < だから(1)と同様）が，うまいおきかえをすると(1)の形になる．この解き方を身につけよう．

≡解 答≡

(1) 1～6から異なる4つの整数を選び，小さい順に x, y, z, w とすればよい．よって，求める場合の数は

$$_6C_4 = {}_6C_2 = \frac{6\cdot 5}{2} = \mathbf{15} \text{ (通り)}$$

⇦ $1<2<4<5$, $1<3<5<6$ など具体的な数値をあてはめた不等式を思い浮かべるとよい．

(2) x, y, z, w は整数だから
$$x\leqq y\leqq z\leqq w \iff x<y+1, y<z+1, z<w+1$$
$$\iff x<y+1<z+2<w+3$$
$x'=x$, $y'=y+1$, $z'=z+2$, $w'=w+3$ とおくと，
$$1\leqq x'<y'<z'<w'\leqq 6+3=9$$
従って，1～9から異なる4つの整数を選び，小さい順に x', y', z', w' とすればよいので，答えは

$$_9C_4 = \frac{9\cdot 8\cdot 7\cdot 6}{4\cdot 3\cdot 2} = 9\cdot 2\cdot 7 = \mathbf{126} \text{ (通り)}$$

⇦ 一般に，a, b が整数のとき
$a\leqq b \iff a<b+1$
⟸ も成り立つことに注意しよう．この同値関係を活用する．

⇦ 例えば，
$x'=2, y'=4, z'=5, w'=7$
⟷ $x=2, y=3, z=3, w=4$

(3) $1\leqq x\leqq y<z\leqq w \iff 1\leqq x<y+1<z+1<w+2\leqq 8$
であるから，1～8から異なる4つの整数を選んで x, $y+1$, $z+1$, $w+2$ とすればよい．答えは，

$$_8C_4 = \frac{8\cdot 7\cdot 6\cdot 5}{4\cdot 3\cdot 2} = 2\cdot 7\cdot 5 = \mathbf{70} \text{ (通り)}$$

⇦ (2)と同様

◯6 演習題（解答は p.21）

1から19までの整数の集合を S とする．S の部分集合 A で，次の2つの条件をみたすものを考える．
(i) A は5個の要素からなる．
(ii) A のどの2つの要素の差も1より大きい．
このような A は全部で ☐ 個ある．

（早大・教）

A の5個の要素を小さい方から a, b, c, d, e とする．

7 重複組合せ

市場で，みかん，りんご，なし，かきの4種の果物を合計7個買いたい．買わない果物があってもよい場合，その組み合わせは ⑴ 通りある．それぞれの果物を少なくとも1個は買う場合，その組み合わせは ⑵ 通りである．

(武蔵大)

買ったものを並べると考える 4種の中から自由に選べるが，例えば1個目はりんご，2個目はなし，… のように考えて 4^7 通りとするとダブルカウントが生じて不正解になる．買ったものを，みかん，りんご，なし，かきの順に並べて，みかんとりんごの境がどこか，というように考えるのが定石である．

果物を○，境を│で表す．右の例1はみかん1個，りんご4個，かき2個の場合，例2はみかん1個，りんご2個，なし1個，かき3個の場合である．(1)は買わない果物があってもよいので，│が連続しても両端にあってもよい．この場合，○と│を"混ぜて"自由に並べると考える．

例1 ○│○○○○││○○
例2 ○│○○│○│○○○
　　みかん りんご なし かき

解答

(1) 7個の○と3個の│を横一列に並べ，両端と│，│と│の間の○の個数を左から順にみかん，りんご，なし，かきの個数とする．このとき，○と│の並べ方と，果物7個の組み合わせは1対1に対応するから，○と│の並べ方の総数を求めればよい．○と│は合わせて10個あり，このうち│の位置3か所を決めれば並べ方は決まるので，求める場合の数は

$$_{10}C_3 = \frac{10 \cdot 9 \cdot 8}{3 \cdot 2} = 10 \cdot 3 \cdot 4 = \mathbf{120}\ (通り)$$

○○│○○○○│○│
　みかん　りんご　なし　かき
　2個　　4個　　1個　0個

⇐○と│の並べ方は自由．
⇐○と│を"混ぜて"並べる．

(2) 果物の個数と，○と│の並びの対応は(1)と同じとする．両端と│，│と│の間に○が少なくとも1個あるので，○の間6か所（図の↑）から異なる3か所を選んで│を入れればよい．求める場合の数は，$_6C_3 = \mathbf{20}\ (通り)$

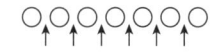

⇐果物はどれも1個以上．
⇐│は隣り合わないので，あとから入れる．

➡注 n 種類のものから重複を許して r 個取る（1個も取らないものがあってもよい）組合せを重複組合せという．(1)は $n=4$, $r=7$ の場合である．重複組合せの公式，例題の(1)と(2)の関連，他の重複組合せの問題については，p.25 のミニ講座「重複組合せいろいろ」を参照．

○7 演習題 (解答は p.22)

2008は，各位の数字の和が10になる4桁の自然数である．（実際に2008の各位の数字の和は $2+0+0+8=10$ である．）このように，各位の数字の和が10になる4桁の自然数は全部で □ 個ある．

(慶大・看護)

$x+y+z+w=10$ だが，単純にやると間違える．

8 分割／組を区別しない

5個の球を3つの箱に分けて入れる場合の数を求める．ただし，箱は区別をつけない．
(1) 球も区別をつけず，空箱があってもよいとすると，□通り．
(2) 球は区別をつけるとする．
 (i) 空箱があってもよいとすると，□通り．
 (ii) 空箱を作らないとすると，□通り．
（関東学院大の一部）

組分けとは選ぶこと ある高校の生徒90人を，30人ずつ3つのクラスA，B，Cに分けるとしよう．クラス分けの方法のひとつに，まずA組の30人を選び，残りの60人からB組の30人を選ぶ（残った30人がC組）というものがあるが，上の例題のように組（箱）を区別しない（名前をつけない）場合でも同様の考え方をするのが基本である．

まず定員を決める 上の例ではクラスの人数が決まっていたが，例題では箱に入れる球の個数は決まっていない．(1)で"定員"の決め方を列挙し，それをもとに(2)を解く．

▓解 答▓

(1) 球の個数の組合せを考えればよく，$\{5, 0, 0\}$，$\{4, 1, 0\}$，$\{3, 2, 0\}$， ⇐最大数が大きいものから並べた．
$\{3, 1, 1\}$，$\{2, 2, 1\}$ の **5通り** である．
(2) (i) (1)の5通りのそれぞれについて，球の決め方の場合の数を求める．
　$\{5, 0, 0\}$ は1通り．
　$\{4, 1, 0\}$ は「1個の箱」の球を決めればよいので5通り．
　$\{3, 2, 0\}$ は「2個の箱」の球2個を決めればよいので $_5C_2 = 10$ 通り．
　$\{3, 1, 1\}$ は「3個の箱」の球3個を決めればよいので $_5C_3 = 10$ 通り．
　$\{2, 2, 1\}$ は，まず「1個」の球を決めると5通り．残りの球を①②③④とすると，分け方は $\{①②, ③④\}$，$\{①③, ②④\}$，$\{①④, ②③\}$ の3通り．よって，この場合は $5 \times 3 = 15$ 通り． ⇐この程度なら数え上げた方が早いし正確．
　以上より，$1 + 5 + 10 + 10 + 15 = \mathbf{41}$ **(通り)**．
(ii) (i)の $\{3, 1, 1\}$ と $\{2, 2, 1\}$ の場合だから，
$$10 + 15 = \mathbf{25} \text{ (通り)}$$

⇨**注1**．(2)(i)の $\{2, 2, 1\}$ の場合で，①②③④を2個ずつに分ける部分を計算で求めると，式は $_4C_2 \div 2$ になる．$_4C_2$ は箱をA，Bと区別したときの場合の数（Aに入れる2個の選び方）で，箱の区別をなくすと，
A=①②，B=③④ と A=③④，B=①② など箱の名前を入れかえた2通りずつが同じ分け方となるので÷2とする．

⇨**注2**．(2)(i)の $\{2, 2, 1\}$ は，5人を2人，2人，1人の3つのグループに分けるのと同じである． ⇐グループの人数が違えば区別はつく．同じ人数のグループは特に指示がなければ区別しない．

♂8 演習題（解答は p.22）

(1) 6人を3人ずつの2つのグループに分ける場合の数は□通りである．
(2) 9人を3人ずつの3つのグループに分ける場合の数は□通りである．
(3) 男子5人，女子4人の合計9人を3人ずつの3つのグループに分ける場合の数は□通りである．ただし，どのグループにも男子と女子が含まれているものとする．
（関西大・総合情報）

(1)(2)は，注1と同じ考え方で解く．
(3)は，女子4人が2人，1人，1人になる．

9 分割／組を区別する

5個の球を3つの箱に分けて入れる場合の数を求める．ただし，球も箱も区別をつける．
(1) 空箱があってもよいとすると，□通り．
(2) 空箱を作らないとすると，□通り．
（関東学院大の一部）

球それぞれの箱を決める ○8と同様，定員を決める方式で解くこともできるが，この問題はうまい解き方がある．球と箱を区別し，しかも(1)は空箱があってもよいので，球を①〜⑤として「①を入れる箱」「②を入れる箱」…「⑤を入れる箱」をそれぞれ自由に（前に選んだ箱と関係なく）選ぶことができる．空箱を作らない場合は，空箱がある場合を求めて全体から引く．箱をA，B，Cとして，Cが空箱になる場合を考えよう．この場合，すべての球をA，Bのどちらかに入れる（ここで同じ考え方をする）のであるが，そうすると「すべてA」「すべてB」も勘定されてしまう．傍注のベン図も参照．

解　答

(1) 球を①〜⑤とする．①を入れる箱，②を入れる箱，…，⑤を入れる箱の選び方が3通りずつあるので，$3^5=$ **243通り**．　　　⇦3通りずつ独立に選べる．

(2) 箱をA，B，Cとする．1つの箱にすべての球を入れる場合（2つの箱が空）は，**3通り**．AとBだけに入れ，どちらも空でない場合（Cだけが空）は，①を入れる箱，②を入れる箱，…，⑤を入れる箱の選び方が2通りずつで「すべてA」と「すべてB」を除くので$2^5-2=30$通り．　　　⇦箱を1つ選ぶ．

BとCだけ（どちらも空でない），CとAだけ（どちらも空でない）に入れる場合も30通りずつなので，答えは
$$243-30\times 3-3=\textbf{150通り}$$

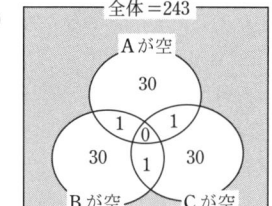

Bが空かつCが空 ⟹ Aに集中

○9　演習題（解答は p.22）

(ア) 6名をA，B，Cの異なる3つの部屋に宿泊させる場合の数について，
(1) 誰も宿泊しない部屋があってもよいとき，場合の数は□通りである．
(2) 各部屋には最低1人は宿泊しなければならないとき，場合の数は□通りである．
（大阪学院大）

(イ) ［例題と同じ設定で］　5個の球に1から5までの番号をつけ，箱を区別するとする．1，2，3の番号の球を必ず異なる箱に入れるときは□通り．
（関東学院大の一部）

（ア）は例題と数値が違うだけ．（イ）も，球を入れる箱を選ぶ，と考える．

10 最短経路

右図のような街路で，Aから出発してある地点まで最短で行く．
(1) Pまで行く最短経路は ア 通り，Qまで行く最短経路は
イ 通り，Rまで行く最短経路は ウ 通りである．
(2) Bまで行く最短経路は エ 通りである．この中でQとRの両方を通る最短経路は オ 通りあり，P, Q, Rのどれも通らない最短経路は カ 通りある．

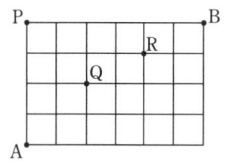

(いわき明星大・科技)

経路は→と↑の順列 経路は，進む向きの矢印を並べたものに置きかえることができる．例えば右図太線の経路は↑→↑→→→↑となる．逆に矢印の並びから経路を復元することもできる（順につなげばよい）ので，経路の総数は矢印の並び（並べかえ）の総数と言いかえられる．

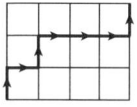

最短／通る・通らないの条件 例題でAからQに行くには右に2区画，上に2区画進まなければならないが，進む順番は何でもよく（最短になる），最短経路の総数は→→↑↑の並べかえの総数に等しい．「AからBへ行く最短経路のうちQを通るもの」というときはAからQとQからBに分けて考える．「Qを通らない」場合は，全体からQを通るものを引く．なお，書きこみ方式（別解）も有効．

解 答

(1) ア: **1通り**．

イ: A⇒QでAからQへの最短経路を表すものとする．A⇒Qは右に2区画，上に2区画進むものだから，これは→, →, ↑, ↑の並べかえと1対1に対応する．よって，(→の位置を考えて) $_4C_2=$ **6通り**．

ウ: A⇒Rは→4個と↑3個の順列と対応するので $_7C_3=\dfrac{7\cdot6\cdot5}{3\cdot2}=$ **35通り**．

(2) エ: →6個と↑4個の順列と考えて $_{10}C_4=\dfrac{10\cdot9\cdot8\cdot7}{4\cdot3\cdot2}=$ **210通り**．

オ: A⇒Qが6通り，Q⇒RとR⇒Bがともに $_3C_1=3$通りなので，
A⇒Q⇒R⇒B は 6×3×3=**54通り**．　　　　　　　　　　　　　⇔A⇒Qは(イ)

カ: A⇒Q⇒B は $6\times{}_6C_2=6\times15=90$通り，A⇒R⇒B は 35×3=105通りなので，A⇒BのうちQとRの少なくとも一方を通るものは90+105−54=141通り．この中にPを通る経路はないから，答えは 210−(141+1)=**68通り**．

⇔A⇒Rは(ウ), R⇒Bは(オ)から．

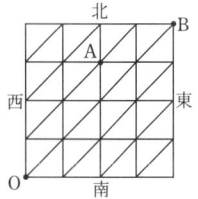

(☞要点の整理の③)

【別解】 (2) カ:

図1でX, Yまでの最短経路の数がそれぞれ x, y のときZまでは $x+y$ 通りになる．Aから各点までの最短経路の数を書きこんでいくと図2のようになるので，**68通り**．

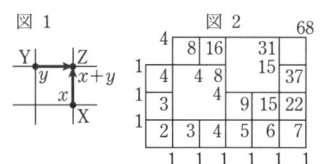

⇔まず左と下の1を書き，順次計算していく．

10 演習題 (解答は p.23)

図のような道路をもつ町がある．次のような場合に，経路は何通りあるか．ただし，東方向，北方向，北東方向にしか進めないとする．
(1) O地点からA地点に行く場合．
(2) O地点からA地点を通らずにB地点に行く場合．

(広島修道大・人環)

→, ↑, ╱の順列と考える．

11 図形

（ア）図のように，平面上に6本の平行線が他の6本の平行線と交わってできる図形がある．この図形の中に平行四辺形は全部でいくつあるか．
（北海学園大・経）

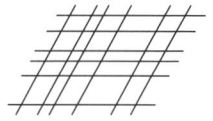

（イ）円周を12等分して，正12角形を作り，頂点を順に $P_1, P_2, \cdots, P_{12}$ とする．
（1）正三角形は □ 個ある．
（2）二等辺三角形（正三角形も含む）は □ 個ある．
（九州共立大の一部）

平行四辺形は辺を含む直線4本と対応　平行四辺形はうまい解き方が知られている．解答のように，平行四辺形の辺を含む直線4本を考える．

特徴のある何かを固定　二等辺三角形は頂点（等辺の共有点）をまず固定して数える．図形を数える場合，特徴のある頂点・辺などを固定するとうまくいくことが多い．

解 答

（ア）平行四辺形の辺を含む4本の直線は，横方向が2本，斜め方向が2本である．

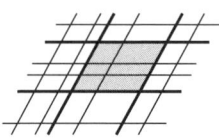

この4直線（右図太線）とそれらで囲まれる平行四辺形（右図網目部）を対応させると，異なる4直線の組に異なる平行四辺形が対応する．

従って，平行四辺形の個数はそのような4直線（横方向2本，斜め方向2本）の選び方の総数に等しく，$_6C_2 \times _6C_2 = 15 \times 15 = $ **225** 個．

（イ）（1）正三角形は $\triangle P_1P_5P_9$, $\triangle P_2P_6P_{10}$, $\triangle P_3P_7P_{11}$, $\triangle P_4P_8P_{12}$ の **4** 個．

（2）二等辺三角形の頂点（等辺の共有点）が P_1 のとき，対称軸は P_1P_7 だから，正三角形でない二等辺三角形は $\triangle P_1P_2P_{12}$, $\triangle P_1P_3P_{11}$, $\triangle P_1P_4P_{10}$, $\triangle P_1P_6P_8$ の4個．よって，正三角形でない二等辺三角形は全部で $4 \times 12 = 48$ 個．

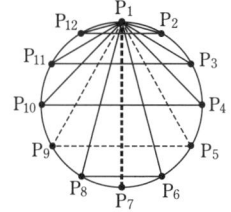

⇐この48個に重複はない．

これに正三角形を加え，答えは $48+4=$ **52** 個．

➡注　P_1 が頂点の二等辺三角形は，正三角形も含めると5個あるから，正三角形を重複して数えると $5 \times 12 = 60$ 個．このとき，1つの正三角形が3回数えられている（例えば $\triangle P_1P_5P_9$ は頂点が P_1, P_5, P_9）ので2回分を引けばよく，$60 - 4 \times 2 = 52$ 個．

11 演習題（解答は p.23）

（ア）右図のように，正方形の各辺を6等分し，各辺に平行線を引く．これらの平行線によって作られる正方形でない長方形の総数は □ 個である．
（西南学院大・神，商，人科）

（イ）円周を10等分する10個の点がある．これらのうちの3個の点を頂点とする三角形を考える．直角三角形は全部で (1) 個あり，また鈍角三角形は全部で (2) 個ある．
（西南学院大・神，商，人科）

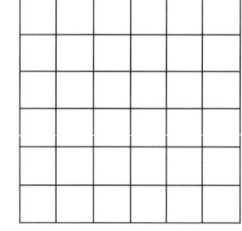

（ア）まず正方形も含めて数え，後で正方形を引く．
（イ）直角三角形は斜辺を固定する．鈍角三角形は？

◆ 12 塗り分け

立方体の6つの面を，白黒を含む6色でぬりわける．ただし，立方体を回転させて一致するものは同じぬり方とする．このとき，次の問いに答えよ．
（1）6色全てを用いてぬる．上面を白，下面を黒に固定したとき，ぬり方の異なるものは何通りあるか．
（2）6色全てを用いてぬる．ぬり方の異なるものは何通りあるか．
（3）白黒を除いて，4色のみを用いてぬる．4色とも1度は用い，同じ色の面が隣り合わないようにぬる．ぬり方の異なるものは何通りあるか．

(中部大・工)

方針は円順列と同じ 回転して同じになるものを同一視するので，基本的な方針は円順列の問題と同じである．何かを固定して（必要なら回転して，特定の位置にもってくる，と言ってもよい）回転できないようにしてから塗る．このとき異なる塗り方は回転しても異なるので，ここで回転を考慮する必要はない．（1）では，上面・下面の色を決めてもまだ回転できるのでもう1面決める．（3）は，同じ色は向かい合う面にしか塗れない．

▓ 解 答 ▓

6色を白，黒，赤，青，黄，緑とする．
（1）上面を白，下面を黒に固定したまま，赤の面を手前にもってくることができる．このとき，残り3面のぬり方が違えば回転しても一致しないから，求める場合の数は

$$3!=\mathbf{6}\text{ (通り)}$$

（2）白の向かいの面の色の選び方は5通りある．この5通りそれぞれに対して，他の4面のぬり方は（1）で求めた6通りあるから，答えは $5\times 6=\mathbf{30}$ 通り．

（3）同じ色は最大2面（ある面とそれに向かい合う面）にしかぬれないから，2色は2面ずつ，残り2色は1面ずつぬる．2面をぬる2色の選び方は

$${}_4\mathrm{C}_2=\dfrac{4\cdot 3}{2}=6\text{ 通りある．以下，赤と青で2面ずつぬるとする．}$$

上面と下面を赤としてよい．このとき，黄の面を手前にもってくることができる．そのとき，左右が青，奥が緑に決まるから，ぬり方は1通り．よって答えは **6通り**．

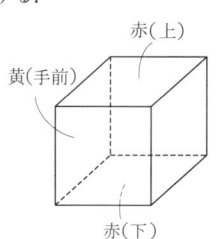

⇐4つの側面のぬり方は4個の円順列である．

⇐1面しかない黄に着目した．回転を同一視する問題では，1つしかないなど特別なものに着目するとうまくいくことが多い．

=== ◐ 12 演習題 （解答は p.24）===

縦，横，高さがそれぞれ a, b, c の直方体と6色の絵の具がある．この直方体の各面を6色の絵の具すべてを用いて塗り分ける．ただし，1つの面には1色の絵の具だけを用いて塗ることとし，回転して同一になる塗り分け方は同じものとみなす．また，面の形は区別する．
（1）$a=b$ かつ $b<c$ のとき，塗り分け方は全部で ☐ 通りある．
（2）$a<b<c$ のとき，塗り分け方は全部で ☐ 通りある．

(東京工科大・応生，コンピュータ／一部省略)

$a\times b$ の面が上と下になるように置くことにする．まずこの2面に塗る色を決める．

場合の数
演習題の解答

1…B**○	2…B***	3…B***
4…B**	5…B***	6…C**
7…C**	8…B***	9…B**B*
10…B**	11…B**C***	12…C**○

1 （2）は偶数のカードが使われない整数の個数を全体から引く．（4）は，作られた整数が3の倍数になるための条件は各桁の和が3の倍数であることに着目し，まずカード3枚の組合せを列挙する．（5）は例題と同様に桁ごとに和を計算する．

解 （1） 百位，十位，一位の順に決めると，決め方はそれぞれ5通り，4通り，3通りあるから，整数は全部で
$5×4×3=$**60**個ある．

（2） 偶数のカードを使わないものは，奇数の1, 3, 5を並べてできる整数で，それは$3!=6$個ある．よって，$60-6=$**54**個．

（3） 1以外のカード（2, 3, 4, 5から2枚）の選び方は$_4C_2$通りあり，並べ方はそれぞれ$3!=6$通りだから
$$_4C_2 × 6 = 6 × 6 = 36個．$$

（4） 作られた整数が3の倍数であるための条件は各桁の和Sが3の倍数であること．
$1+2+3 ≦ S ≦ 3+4+5$ だから $S=6, 9, 12$ で
- $S=6$ のときカードは1, 2, 3
- $S=9$ のときカードは1, 3, 5 または 2, 3, 4
  ［5が使われるか使われないかを考える］
- $S=12$ のときカードは3, 4, 5

である．並べ方はそれぞれ6通りあるので，3の倍数は$4×6=$**24**個ある．

（5） （1）のうち，一位が1となるものは（百位，十位が4通り，3通りで）12個あり，一位が2, 3, 4, 5のものも同数ずつある．よって，一位の数の和は
$$(1+2+3+4+5) × 12 = 180$$
十位の数の和，百位の数の和も同じなので，求める和は
$$180 × 1 + 180 × 10 + 180 × 100 = \mathbf{19980}$$

⇨**注** （3）は1のカードが使われないもの…☆を全体から引いてもよい．☆は（1）と同様に考えて（百位，十位，一位の順に決めるとして4通り，3通り，2通り）$4×3×2=24$個だから，答えは$60-24=36$個

2 連続するものはかたまりと見て並べる．（1）は GIFU を1つの文字とみなす．（2）は GI , FU とかたまりを作って並べればよいが，FU の左に GI が2つある場合に注意が必要．

解 （1） 「GIFU」を1つの文字とみて GIFU , G, I, U の4文字を並べると考えればよく，
$$4! = \mathbf{24通り}$$

（2） まず GI , FU , G, I, U の5個を，GI が FU の左に来るように並べる．5か所のうちの2か所を選んで左から GI , FU を入れ，残りの3か所にG, I, Uを入れればよいので，このような並べ方は
$$_5C_2 × 3! = 10 × 6 = 60 通り$$
ある．

この60通りには，GIGIFUU のように
FU の左に GI が2個あるもの……………①
が［上の例なら GI GI FU U, GI GI FU U のように］2回ずつ数えられている．

①を満たすものは， GI , GI , FU をこの順に並べておいてUを両端または間（全部で4か所）のどこかに入れれば作られるので，4通りある．

従って，答えは $60-4=$**56通り**．

3 （2）まずKが隣り合わない順列（Aは隣り合ってもよい）を数え，そこからAが隣り合うものを引くと考える．あるいは例題2と同様の方針（☞別解）．

（3）定石通り，隣り合わないものを後から入れる．

解 8文字は K, K, A, A, O, U, D, I

（1） $_8C_2 × _6C_2 × 4!$
$$= \frac{8·7}{2} × \frac{6·5}{2} × 4·3·2·1 = 8·7·6·5·3·2$$
$$= \mathbf{10080（通り）}$$

（2） まずKが隣り合わない並べ方の総数を求める．K以外の6文字を並べ，その間と両端（7か所）から異なる2か所を選んでKを入れると考えて，

$$\underset{AA}{_6C_2} × \underset{OUDI}{\frac{4!}{}} × \underset{KK}{_7C_2}$$
$$= \frac{6·5}{2} × 4·3·2·1 × \frac{7·6}{2} = 7·6·6·5·3·2$$
$$= 7560（通り）……………①$$

↑A↑A↑O↑U↑D↑I↑

①のうち，Aが隣り合うものは， AA , O, U, D, I の5個を並べてからKを入れると考えて，
$$5! × _6C_2 = 5·4·3·2 × \frac{6·5}{2} = 1800 通り．$$

よって，$7560-1800=$**5760通り**．

（3） まずA, A, O, U, Iを並べておき，間と両端（6か所）から異なる3か所を選んでK, K, Dを入れる．Kを入れる2か所を先に決めると考え，

$$\underbrace{{}_5C_2 \times 3!}_{\text{AAOUI}} \times \underbrace{{}_6C_2}_{\text{KK}} \times \underbrace{4}_{\text{D}} = 10 \times 6 \times 15 \times 4$$
$$= 3600 \text{ (通り)}$$

別解 （2）Kが隣り合う並べ方は，KK, A, A, O, U, D, Iを並べると考えて [Aの位置を最初に決める]

$${}_7C_2 \times 5! = 21 \times 120$$
$$= 2520 \text{ (通り)}$$

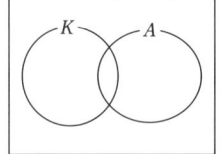
K：Kが隣り合う
A：Aが隣り合う

Aが隣り合う並べ方も同数（2520通り）で，KもAも隣り合う並べ方は，KK, AA, O, U, D, Iを並べると考えて6! = 720通り．

よって，K, Aの少なくとも一方が隣り合う並べ方は
$$2520 + 2520 - 720 = 4320 \text{ 通り}.$$

従って，どちらも隣り合わない並べ方は
$$10080 - 4320 = \mathbf{5760 \text{ 通り}}.$$

4 （1）は111111の前後は0か端．これがどこにあるかで分類する．（2）は1が6個以上連続する場合だから例題と同様，どこから6連続かで分類する．

解 *は0でも1でもよいものとする．

（1） 条件を満たす文字列は右のA〜Gの7タイプある．*は0, 1の2通りなので，
　AGは各2^5通り
　BCDEFは各2^4通り
ある．これらの中に重複はないから，答えは
$$2^5 \times 2 + 2^4 \times 5 = 32 \times 2 + 16 \times 5 = \mathbf{144 \text{ 個}}.$$

A 1111110*****
B 01111110****
C *01111110***
D **01111110**
E ***01111110*
F ****01111110
G *****0111111

（2） 条件を満たす文字列は右のA〜Gで，
　Aは2^6通り
　B〜Gは各2^5通り
ある．これらの中に重複はないから，答えは
$$2^6 + 2^5 \times 6$$
$$= 64 + 32 \times 6$$
$$= \mathbf{256 \text{ 個}}.$$

A 111111******
B 0111111*****
C *0111111****
D **0111111***
E ***0111111**
F ****0111111*
G *****0111111

5 特定の1人（ここでは1組の男）を固定する．（4）は男4人の座り方を決めたときに女4人の座り方が何通りあるかを考える．

解 1組の男を□，女を○などと表す．①の席を固定する．

（1） 残り7人の座り方を決めればよく，
$$7! = \mathbf{5040 \text{ 通り}}.$$

（2） 男女交互であるから，男は□，女は○に座る（右図）．
①以外の男3人の座り方は3!通り，女4人の座り方は4!通りあるので，答えは
$$3! \times 4! = 6 \times 24 = \mathbf{144 \text{ 通り}}.$$

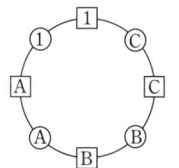

（3） 条件より，座り方は下の2パターンになる．

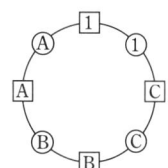

A, B, Cに2, 3, 4をあてはめる．その方法は3! = 6通りあるから，座り方は
$$2 \times 6 = \mathbf{12 \text{ 通り}}.$$

（4） まず，男4人が図のように座る場合を考える．

Ⓐが③のとき，Ⓓが②，Ⓒが①，Ⓑが④と決まる．

Ⓐが④のとき，Ⓑが①，Ⓒが②，Ⓓが③に決まる．

男4人の座り方は（①を固定しているので）3! = 6通りあり，いずれの場合も女4人の座り方は2通り．よって，
$$6 \times 2 = \mathbf{12 \text{ 通り}}.$$

6 Aの各要素は整数だから，「どの2つの要素の差も1より大きい」は「どの2つの要素の差も2以上」である．Aの要素を小さい順に並べれば，隣り合う要素の差は2以上．例題の（2）の"逆"をやって「差が2以上」を「差が1以上」（すなわち相異なる）にする．

解 Aの要素を小さい順にa, b, c, d, eとすると，
$$1 \leq a < b < c < d < e \leq 19$$

条件(ii)より
$$a+1 < b,\ b+1 < c,\ c+1 < d,\ d+1 < e$$
$$\therefore\ a < b-1 < c-2 < d-3 < e-4$$

ここで

21

$b'=b-1$, $c'=c-2$, $d'=d-3$, $e'=e-4$
とおくと,
$$1 \leq a < b' < c' < d' < e' \leq 19-4 = 15 \cdots\cdots☆$$
条件（ⅰ）（ⅱ）を満たす $A=\{a, b, c, d, e\}$ の個数は☆を満たす整数 a, b', c', d', e' の組の個数に等しく, それは 1 以上 15 以下の整数から相異なる 5 個の整数を選ぶ選び方の総数に等しいので, 答えは
$$_{15}C_5 = \frac{15 \cdot 14 \cdot 13 \cdot 12 \cdot 11}{5 \cdot 4 \cdot 3 \cdot 2} = 3 \cdot 7 \cdot 13 \cdot 11 = \mathbf{3003}\text{（個）}$$

7 各位の数字の和が 10 だから, $x+y+z+w=10$ であるが, 4 桁の自然数なので最高位は 0 ではない. また, 桁の数字なので $x \sim w$ は 9 以下である.

解 千位, 百位, 十位, 一位の数を順に x, y, z, w とおく. 4 桁の自然数であるから
$$1 \leq x \leq 9,\ 0 \leq y \leq 9,\ 0 \leq z \leq 9,\ 0 \leq w \leq 9 \cdots\cdots①$$
であり, 各位の数の和が 10 だから
$$x+y+z+w=10 \cdots\cdots②$$
である. ② と $1 \leq x \leq 9$, $0 \leq y$, $0 \leq z$, $0 \leq w$ が成り立てば①の他の条件も成り立つことに注意する.

まず, ②かつ $x \geq 1$ を満たす x, y, z, w の組の個数を数える. $x'=x-1$ とおくと,
$$x'+y+z+w=9,\ x', y, z, w \geq 0$$
であり, これを満たす x', y, z, w の組は 3 個の $|$ と 9 個の○を横一列に並べたものに対応する（右図）から, $|$ と○の並べ方を考えて,

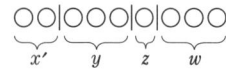

$$_{12}C_3 = \frac{12 \cdot 11 \cdot 10}{3 \cdot 2} = 220 \text{ 通り}$$
ある. このうち, $x \leq 9$ を満たさないものは
$$(x, y, z, w)=(10, 0, 0, 0)$$
の 1 通りだから, 求めるものは
$$220-1=\mathbf{219 \text{ 通り}}.$$

8 （1）（2） 同じ人数のグループは区別しないが, とりあえずグループに名前をつけて区別しておくと数えやすい. グループを区別しない数え方 1 通りと, グループを区別する数え方の何通りが対応するかを考える.
（3） まず女子 4 人を 2 人, 1 人, 1 人に分ける.

解 （1） グループに X, Y と名前をつけて区別すると, 6 人のどの 3 人が X かで $_6C_3 = 20$ 通りある. グループの区別をなくすと, [1つのグループ分けについてグループ名のつけ方は 2 通りあるから]
$$\frac{20}{2} = \mathbf{10 \text{ 通り}}.$$

（2） グループに X, Y, Z と名前をつけて区別すると, 9 人のうちのどの 3 人が X かで $_9C_3$ 通り, 残りの 6 人のうちどの 3 人が Y かで $_6C_3$ 通りある. グループの区別をなくすと [1つのグループ分けについてグループ名のつけ方は 3! 通りあるから]
$$\frac{_9C_3 \times {}_6C_3}{3!} = \frac{9 \cdot 8 \cdot 7 \cdot 6 \cdot 5 \cdot 4}{3 \cdot 2 \cdot 3 \cdot 2 \cdot 3 \cdot 2}$$
$$= 7 \cdot 2 \cdot 5 \cdot 4 = \mathbf{280 \text{ 通り}}.$$

（3） 女子 4 人（A, B, C, D とする）が 2 人, 1 人, 1 人に分かれる. このうちの「2 人」を決めれば残り 2 人は 1 人ずつに分かれるので分け方が決まる. よって女子 4 人の分け方は $_4C_2 = 6$ 通り. 例えば $\{AB\}$, C, D と分かれたとすると, $\{AB\}$ と同じグループになる男子の選び方が 5 通り, 残り 4 人の男子のうち C と同じグループになる 2 人の選び方が $_4C_2$ 通りある. よって, 答えは
$$_4C_2 \times 5 \times {}_4C_2 = 6 \times 5 \times 6 = \mathbf{180 \text{ 通り}}.$$

➡**注1** 女子 4 人に名前をつけておくと間違えにくい.
➡**注2** グループ名をつけてまず 3 つのグループを区別しておく方法もある. 女子 2 人のグループを X, 女子 1 人のグループを Y, Z とすると,
 X の 3 人の選び方… $_4C_2 \times 5$ 通り [女子が $_4C_2$]
 残り 6 人から Y の 3 人の選び方… $2 \times {}_4C_2$ 通り
であり, グループ名のつけ方が 2 通り（ Y と Z の入れかえ）あるから, 答えは
$$_4C_2 \times 5 \times 2 \times {}_4C_2 \div 2 = 6 \times 5 \times 2 \times 6 \div 2 = 180$$

別解 （1） 6 人のうちの特定の 1 人を A とする. A と同じグループになる 2 人の選び方を考えて,
$$_5C_2 = \mathbf{10 \text{ 通り}}.$$

（2） 9 人のうちの特定の 1 人を A とする. A と同じグループになる 2 人の選び方を考えると,
$$_8C_2 = 28 \text{ 通り}.$$
残り 6 人を 3 人ずつのグループに分ける分け方は（1）より 10 通りだから, 答えは
$$28 \times 10 = \mathbf{280 \text{ 通り}}.$$

9 （ア）は例題と同様.（イ）は, まず 1〜3 の球を入れる箱を選ぶ.

解 （ア）（1） 6 人それぞれが宿泊する部屋を選ぶと考えると, 3 通りずつの選び方があるので
$$3^6 = \mathbf{729 \text{ 通り}}.$$

（2） 2 つの部屋が空になる場合, どれか 1 つの部屋に 6 人が宿泊することになるので, 3 通り.
A が空になるのは, 6 人

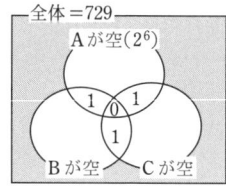

22

それぞれがB, Cから選ぶ場合で2^6通りあるが，このうちAだけが空になるのは，AとBが空（6人ともC），AとCが空（6人ともB）の2通りを除いて
$$2^6-2=64-2=62 \text{ 通り}.$$
Bだけが空，Cだけが空の場合も同数ずつあるので，求める場合の数は
$$729-62\times 3-3=\textbf{540 通り}.$$
（イ）1, 2, 3の球をどの箱に入れるかが3!通りあり，残りの玉（4, 5）はどの箱に入れてもよいので箱の選び方は3通りずつある．よって，
$$3!\times 3\times 3=6\times 3\times 3=\textbf{54 通り}.$$

10 →, ↑, ↗ の順列と考えるが，↗ に何回進むかで分類する必要がある．（2）は全体からAを通るものを引いて求める．なお，このような問題も書きこみ方式でできる（別解）．

解（1）
- → に2回，↑ に3回進むとき，
  $_5C_2=10$ 通り． 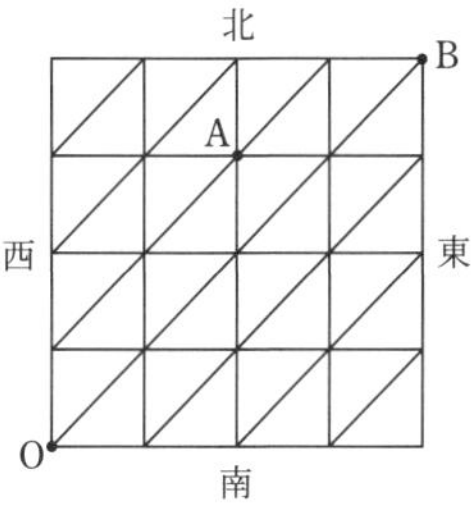
- ↗ に1回，→ に1回，↑ に2回進むとき，↗, → が何回目かを考えて
  $4\times 3=12$ 通り．
- ↗ に2回，↑ に1回進むとき，3通り．

よって，$10+12+3=\textbf{25 通り}$．

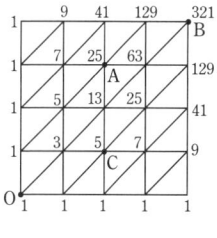

（2）全体からAを通るものを引いて求める．Aを通ってもよいとき，O⇨Bの経路は
- → に4回，↑ に4回：
  $_8C_4=\dfrac{8\cdot 7\cdot 6\cdot 5}{4\cdot 3\cdot 2}=7\cdot 2\cdot 5=70$ 通り
- ↗ に1回，→ に3回，↑ に3回：
  $7\times {}_6C_3=7\times 20=140$ 通り
- ↗ に2回，→ に2回，↑ に2回：
  $_6C_2\times {}_4C_2=15\times 6=90$ 通り
- ↗ に3回，→ に1回，↑ に1回：
  $_5C_3\times 2=20$ 通り
- ↗ に4回：1通り

の合計で $70+140+90+20+1=321$ 通り．

A⇨Bの経路は，
- → に2回，↑ に1回： 3通り
- ↗ に1回，→ に1回： 2通り

より $3+2=5$ 通り．

（1）と合わせると，O⇨A⇨Bの経路は $25\times 5=125$ 通りだから，Aを通らない経路は
$$321-125=\textbf{196 通り}.$$

別解 下図でX, Y, Zまでの経路がそれぞれ x, y, z 通りのとき，Uまでの経路は $x+y+z$ 通りである．

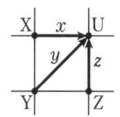

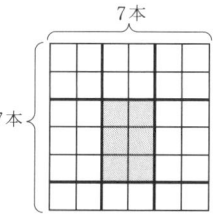

これを用いて各点までの経路を書いていくと図のようになる．

（1）**25 通り**．

（2）A⇨BはO⇨Cと同じで5通りだから，Aを通る経路は $25\times 5=125$ 通り．よって，答えは
$$321-125=\textbf{196 通り}.$$

11（ア）正方形も含めた長方形の個数は例題と同様に数えられる．正方形はサイズで分類する．

（イ）直角三角形は斜辺を固定して数える．鈍角三角形は鈍角の頂点を固定するのが素直だが（解），鋭角の一方を固定してもできる（別解）．

解（ア）まず，正方形も含めた長方形の個数を求める．7本の縦線から2本，7本の横線から2本を選ぶと長方形（太線で囲まれた網目の長方形）が1個決まるから，長方形の個数は
$$_7C_2\times {}_7C_2=21\cdot 21=441$$

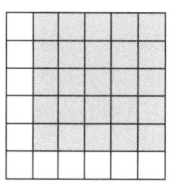

このうち，1×1の正方形は $6^2=36$ 個．
2×2の正方形は，右上の小正方形（右図の斜線部）が右下図の網目部にあるので，$5^2=25$ 個．

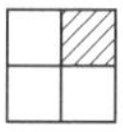

同様に，
3×3の正方形は $4^2=16$ 個
4×4の正方形は $3^2=9$ 個
5×5の正方形は $2^2=4$ 個
6×6の正方形は1個
よって，正方形は全部で
$36+25+16+9+4+1=91$ 個
以上より，答えは
$$441-91=\textbf{350 個}.$$

（イ） 10個の点を $P_1, \cdots, P_{10}$ とする．

（1） 円の直径（直角三角形の斜辺）の選び方は P_1P_6, P_2P_7, P_3P_8, P_4P_9, P_5P_{10} の5通りあり，斜辺を決めると直角の頂点の選び方は8通り（斜辺の両端点以外）あるから，答えは

$5 \times 8 = $ **40個**.

（2） 鈍角の頂点を P_1 に固定すると，その対辺は $P_{10}P_2$, $P_{10}P_3$, $P_{10}P_4$, P_9P_2, P_9P_3, P_8P_2 の6通り．

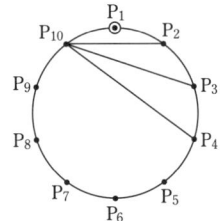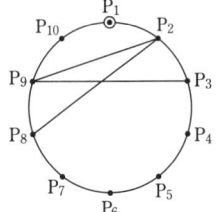

よって，鈍角三角形は $6 \times 10 = $ **60個**.

別解 （イ）（2） $\triangle ABC$ で $\angle C$ が鈍角，A, B, C がこの順に時計回りに並ぶとする．$A = P_1$ のとき，B, C は図の $P_7 \sim P_{10}$ のうちの2点だから，選び方は $_4C_2$ 通り．A が他の点のときも同様だから

$_4C_2 \times 10 = $ **60個**.

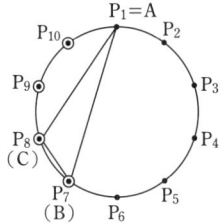

12 直方体の置き方を最初に決めておき，さらに同じ形の面に塗る2色を同時に選ぶと考えると，回転のしかたが限られるので考えやすい．

解 6色を①②③④⑤⑥とする．

（1） 上面と下面が $a \times a$ の正方形になるように置くものとする．上面と下面に塗る2色の組合せは $_6C_2$ 通りある．それが①②の場合，上面を①，下面を②としてよい．このとき，側面は自由に回転できるので，塗り方は（4個の円順列であり）$3!$ 通り．

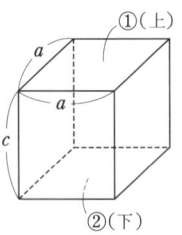

よって，$_6C_2 \times 3! = 15 \times 6 = $ **90通り**.

（2） 上面と下面を $a \times b$ の長方形とする．この2面に塗る2色の組合せは $_6C_2$ 通りあり，それが①②の場合，上面を①，下面を②としてよい．

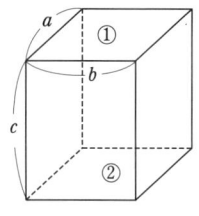

このとき，$a \times c$ の長方形に塗る2色の組合せは $_4C_2$ 通りある．それを③④とすると，側面の塗り方は，回転を同一視するので次の2通りになる（上から見た図）．

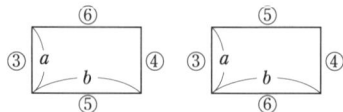

よって，答えは $_6C_2 \times {_4C_2} \times 2 = 15 \times 6 \times 2 = $ **180通り**.

ミニ講座・1
重複組合せいろいろ

n 種類のものから重複を許して r 個取る（1 個も取らないものがあってもよい）組合せのことを重複組合せと言い，その総数を $_nH_r$ という記号で表すことがあります．○7 の例題の（1）

4 種類の果物を合計 7 個買うときの組合せの総数が重複組合せそのもの（$n=4$, $r=7$）で，この例題の解答と同様の考え方をすることにより，

$$_nH_r = {}_{n+r-1}C_r$$

$\begin{bmatrix} r \text{ 個の○と } n-1 \text{ 個の } | \\ \text{を横一列に並べる} \end{bmatrix}$ $\begin{array}{cccccc} \boxed{1} & \boxed{2} & \boxed{3} & \cdots\cdots & \boxed{n} \\ \text{○○} | \text{○○} | \cdots\cdots | \text{○} \end{array}$

という公式を導くことができます．

ここでは，これとは見た目の違う重複組合せの問題をいくつか紹介していきます．

まず，同じ例題の（2）です．「それぞれの果物を 1 個以上買う」という条件が加えられており，解答ではこの条件を○と｜の並びの制約（｜が両端になく，かつ｜が連続しない）に反映させて解いています．そのため，異なる問題にも見えますが，先に 4 種類の果物を 1 個ずつ買ってしまえば，残りの 3 個については「4 種類のものから重複を許して 3 個取る（1 個も取らないものがあってもよい）」となるので重複組合せの問題です．上の公式を使えば，

$$_4H_3 = {}_{4+3-1}C_3 = {}_6C_3 = 20 \text{（通り）}$$

となります．

さて，この問題で 4 種の果物の個数を順に x, y, z, w としてみましょう．すると，（1）は

$$x+y+z+w=7, \ x\geq 0, \ y\geq 0, \ z\geq 0, \ w\geq 0$$

を満たす整数 x, y, z, w の組の個数を求めることと同じですから，

---- 例 1 ----
$x+y+z+w=7$, $x\geq 0$, $y\geq 0$, $z\geq 0$, $w\geq 0$
を満たす整数 x, y, z, w の組の個数を求めよ．

は重複組合せの問題ということになります．この問題を見て右図を思い浮かべ

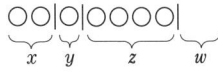

れるとよいでしょう．

（2）も同様に書き直してみると，

---- 例 2 ----
$x+y+z+w=7$, $x\geq 1$, $y\geq 1$, $z\geq 1$, $w\geq 1$
を満たす整数 x, y, z, w の組の個数を求めよ．

となります．これを例 1 の形に帰着させるためには，

$$x'=x-1, \ y'=y-1, \ z'=z-1, \ w'=w-1$$

とおき，

$$x'+y'+z'+w' \ (=x+y+z+w-4)=3$$
$$x'\geq 0, \ y'\geq 0, \ z'\geq 0, \ w'\geq 0$$

とします．こうすると重複組合せの公式を使って $_4H_3={}_6C_3=20$（通り）とできますが，これは左段で述べた「まず 4 種類の果物を 1 つずつ買う」に対応する解法です．このような変数のおきかえは，次の問題で威力を発揮します．

---- 例 3 ----
$x+y+z+w=7$, $x\geq 1$, $y\geq 2$, $z\geq 0$, $w\geq 0$
を満たす整数 x, y, z, w の組の個数を求めよ．

$x'=x-1$, $y'=y-2$ とおいて，

$$x'+y'+z+w=4, \ \text{各文字} \geq 0$$

とします．答えは $_4H_4={}_7C_4={}_7C_3=\mathbf{35}$ 個です．この問題を 7 個の○と 3 個の｜を並べて解く（$x\geq 1$, $y\geq 2$ を並びの制約に言いかえる）のは容易ではありません．

あと 2 題，見た目の違う問題を紹介しましょう．どちらも重複組合せの公式がそのまま使えます．

---- 例 4 ----
$1\leq x\leq y\leq z\leq w\leq 6$ を満たす整数 x, y, z, w の組はいくつあるか．　　　　（○6 の例題の（2））

1〜6 から重複を許して 4 個取り，小さい方から x, y, z, w とすればよいので $_6H_4={}_9C_4=\mathbf{126}$ 通り．

---- 例 5 ----
区別のつかない 5 個の球を，3 つの箱 A, B, C に分けて入れるとき，入れ方は何通りあるか．ただし，空箱があってもよいとする．

この問題は「A, B, C から重複を許して 5 個を取る」と考えます．例えば，取った 5 個が ABBBC であれば，A に 1 個，B に 3 個，C に 1 個の球を入れたものと対応します．

よって，答えは $_3H_5={}_7C_5={}_7C_2=\mathbf{21}$ 通り．

ミニ講座・2
円順列と数珠順列

○5で円順列の問題を扱いましたが，ここでもう少し研究してみることにしましょう．

最初はこの問題です．

例題1
3個の●と6個の○を円形に並べるとき，異なる並べ方は何通りあるか．

とりあえず○5と同様に考えてみましょう．1つの●の位置を固定して，残りの①〜⑧に2個の●と6個の○を配置すればよいので，●の位置2か所の選び方を考えて，

$$_8C_2 = 28（通り）\cdots\cdots\cdots①$$

となりそうです．しかし，これは正解ではありません．

間違いの箇所は「1つの●の位置を固定する」です．

○5では，並べるもの（人）がすべて異なるため，1人を固定すれば回転して重なることはありませんでしたが，上の例では●は3個あるため，「特定の●を固定する」ということはできないわけです．実際，次の3つは，①では異なるものとして数えられていますが，回転すると一致してしまいます．

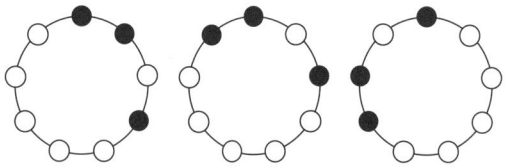

これを見ると，固定した●が3つのうちのどれか，で3通りずつ重複して数えていた，という結論がもっともらしいように思えてきます．しかし，①は3では割り切れませんから，単純にそうなるわけではありません．

ここでは，固定方式をあきらめて別の方針でアプローチしてみましょう．

最終的には回転して一致するものを同一視しますが，とりあえず並べる場所に名前をつけて（右上図），回転して一致する並べ方であっても区別することにしましょう．

これなら簡単です．●の場所3か所を決めればよいので

$$_9C_3 = \frac{9\cdot 8\cdot 7}{3\cdot 2} = 84（通り）$$

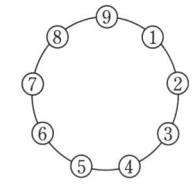

となります．そして，回転したときに同じになる並べ方が何通りずつあるかを考えていきます．

左段の例では，回転した9通りがすべて異なるので，上記84通りの中の9通りが同一視される，ということです．しかし，全部が「9通りずつ同一視」となるわけではありません（84は9で割り切れない）．

そこで，もう少し考えてみましょう．回転した9通りがすべて異なるのは，（その並べ方が）1回転以外では自分自身に重ならないからです．そうでない並べ方，例えば下右図のように1回転未満で自分自身に重なる並べ方は「9通りが同一視」とはなりません．

図☆

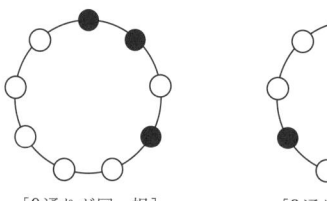 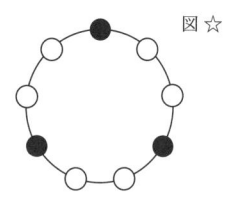

[9通りが同一視] 　　[3通りが同一視]

円順列の問題ではこの区別（1回転未満で自分自身に重なるか重ならないか）がポイントで，

1. 回転すると同じになるものも区別して総数を計算
2. 1回転未満で自分自身に重なるものを個別に調査
3. 総数から2.を除いた残りを玉の個数（例題1では9）で割る
4. 2.と3.の合計が答え

という手順で計算するのが一般的です．

それでは，2.をやってみましょう．

下左図のように，Ⓧを Ⓩ まで回転させたときに自分自身に重なったとします．このとき，全体は下右図のように Ⓧ—Ⓨ の繰り返しになっています．

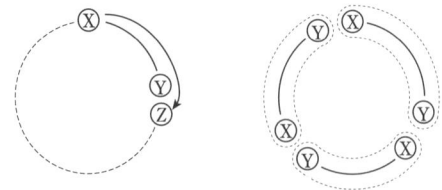

ここで，繰り返し部分 Ⓧ—Ⓨ に●が a 個，○が b 個あってこれが r 回繰り返される（つまり $1/r$ 回転で自分自身に重なる）とします．すると，$ar = 3$，$br = 6$ となり，r は3と6の公約数であることがわかります．

$r \neq 1$ より $r=3$, $a=1$, $b=2$ が決まり，Ⓧ－Ⓨ は ●－○－○, ○－●－○, ○－○－● の3通りですから，1回転未満で自分自身に重なる並べ方は，84通りの中に3通りあることがわかりました．この3通りは，回転させると互いに一致します（すべて図☆になる）．よって，円順列としては1通りという勘定になります．

これができれば終わったようなものです．84－3＝81通りについては，1回転未満で自分自身に重なるものはなく，9通りずつが同一視されます．従って，円順列としては 81÷9＝9通りです．

以上を合わせた 9＋1＝**10通り**が答えです．

これをもとに，次の問題を考えて下さい．

> **例題2**
> 3個の黒球と6個の白球をつないで1つの輪を作るとき，異なるものはいくつできるか．

3個の黒球と6個の白球をすべて使ってブレスレットを作るという意味です．数珠（じゅず）のようにつなげることから，数珠順列の問題と呼ぶことがあります．

円順列との違いは，「裏返して同じになるつなぎ方も同一視する」ということです．例えば，下の2つは回転のみであれば同一視されず，10通りの中の2通りと数えられていますが，破線で折り返すと重なるので例題2では同一視して1通りとなります．

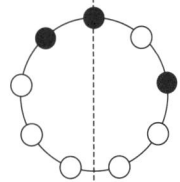 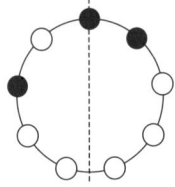

それなら単純に2で割って 10÷2＝5（通り）とすればよいかというと，そうではありません．例えば図☆のつなぎ方は裏返しても同じものですから，例題1でも例題2でも1通りです．

これで何をすべきかがわかりましたね．例題1の10通りを，

A…裏返しても変らないもの
B…裏返すと変わる（回転では同一視されない）もの

に分類すればよいのです．そうすると，Aは例題2でも1通りになって，Bは（裏返しを2回行うと元に戻るので）2通りずつが同一視されます．従って，

(Aの個数)＋$\frac{1}{2}$×(Bの個数)

が例題2の答えです．

10通りしかないのですべて書いてしまうのも一つの手ですが，数が少し増えても対応できるような解き方をしてみます．なお，円順列や数珠順列では，「黒球50個と白球100個の円順列・数珠順列」のような，数値があまりにも大きい問題は通常は出ません．単純に何かで割ればよい場合を除き，例外処理（1回転未満の回転や裏返しで自分自身に重なるものの勘定）が煩雑になりすぎるからです．

さて，裏返しとは折り返し，すなわち対称移動のことでしたから，裏返しで自分自身に重なる並べ方とは，線対称な並べ方のことです．そこで，対称軸（以下，l）が⑨を通るとしてみ

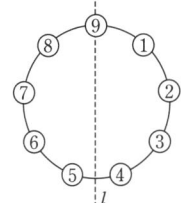

ましょう．黒球3個が l に関して対称に配置されなければならないので，⑨は黒球になり，残り2個の黒球は

①と⑧, ②と⑦, ③と⑥, ④と⑤

の4通りが考えられます（下図）．

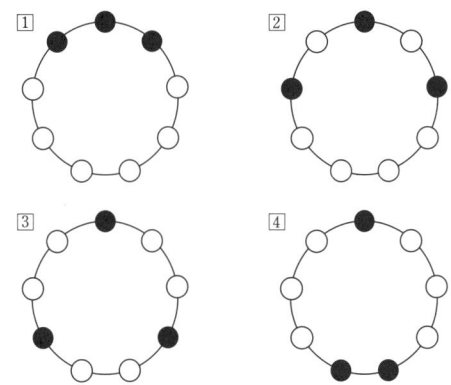

この中に回転で重なるものはない（例えば①を回転しても②③④に重ならない）ので，Aが4通り，Bは 10－4＝6通りです．話をまとめると

	A型	B型	合計
円順列	4	6	10
数珠順列	4	3	7

となって，例題2の答えは**7通り**となります．

確率

- ■ 要点の整理　　　　　　　　　　　　　　　　　　30

- ■ 例題と演習題
  - 1　場合の数の比で求める／すべて異なる　　　34
  - 2　場合の数の比で求める／同じモノを含む　　35
  - 3　くじ引き型　　　　　　　　　　　　　　　36
  - 4　サイコロ型　　　　　　　　　　　　　　　37
  - 5　余事象の活用　　　　　　　　　　　　　　38
  - 6　サイコロ型／最大値　　　　　　　　　　　39
  - 7　じゃんけん　　　　　　　　　　　　　　　40
  - 8　ランダムウォーク　　　　　　　　　　　　41
  - 9　経路の問題　　　　　　　　　　　　　　　42
  - 10　確率の最大値　　　　　　　　　　　　　　43
  - 11　条件つき確率　　　　　　　　　　　　　　44
  - 12　条件つき確率／原因の確率　　　　　　　　45

- ■ 演習題の解答　　　　　　　　　　　　　　　　46

- ■ ミニ講座・3　ダブルカウントに注意　　　　　　52
  ミニ講座・4　カタラン数　　　　　　　　　　　53

- ■ コラム　　　　速決ジャンケン　　　　　　　　54

確率
要点の整理

1. 確率とは

「サイコロを投げる」「白,黒,青の3枚のカードから無作為に1枚を引く」「3人で1回じゃんけんをする」など,その結果が偶然によって決まるものを**試行**という.一つの試行において,起こりうる結果の一つ一つ(サイコロを1回投げる試行においては,1の目が出る,2の目が出る,など)を**根元事象**といい,その全体を**全事象**という.全事象は U で表す.U の部分集合(空集合と U 自身も含む)を**事象**という.事象 A の補集合(U の要素であって A の要素でないもの)を A の**余事象**といい,$\overline{A}$ で表す.例えば,サイコロを1回投げる試行において,「偶数の目が出る」は事象であり,これを A とすると $\overline{A}$ は「奇数の目が出る」となる.

ある試行において,すべての根元事象が同じ程度に起こると期待できるとき,これらの根元事象は**同様に確からしい**という.このとき,事象 A が起こる確率 $P(A)$ を,次の式で定める.

$$P(A) = \frac{n(A)}{n(U)} = \frac{\text{事象}A\text{の起こる場合の数}}{\text{起こりうるすべての場合の数}}$$

*　　　　　　*

$\boxed{1}\boxed{2}\boxed{3}\boxed{4}$ の4枚のカードから無作為に1枚を引く,という試行を考えよう.この場合,根元事象は

$\boxed{1}$ を引く,$\boxed{2}$ を引く,$\boxed{3}$ を引く,$\boxed{4}$ を引く

の4つで,これらは同じ程度に起こると期待できるから,例えば $\boxed{1}$ を引く確率は $1/4$ である.

次に,この4枚のうちの $\boxed{1}$ を赤,残り3枚を白で塗り,その4枚から1枚を引くという試行を考えよう.こうすると根元事象は

赤のカードを引く,白のカードを引く

になるが,赤のカードを引く確率は $1/2$ ではない.なお,これらは同じ程度に起こることが期待できないから確率は求められない,という言い方はしない.結果が同じになるものであっても,どのカードを引くかで区別すると「すべての根元事象が同じ程度に起こると期待できる」ようになる.何でもいいから根元事象を並べる,のではなく,「同様に確からしい」ように根元事象を決めるのが確率の計算におけるポイントと言える.

一般に,2つの事象 A, B が同時に起こらないとき,すなわち $A \cap B = \phi$ であるとき,A と B は**排反**であるという.A と B が排反であるとき,

$$P(A \cup B) = P(A) + P(B)$$

である.

特に,事象 A とその余事象 $\overline{A}$ は排反であるから,

$$P(A) = 1 - P(\overline{A})$$

である(上の式で $B = \overline{A}$ とすると $A \cup \overline{A} = U$ となるから).

左段で述べたように,確率は場合の数の比であるから,場合の数で学んだことはほぼそのまま使える.例えば,扱いにくい「または」の条件を扱いやすい「かつ」の条件に変換する公式として

$$n(A \cup B) = n(A) + n(B) - n(A \cap B) \quad [\text{和の法則}]$$

があるが,この両辺を $n(U)$ で割れば確率版

$$\boldsymbol{P(A \cup B) = P(A) + P(B) - P(A \cap B)}$$

が得られる.ド・モルガンの法則

$$\overline{A \cap B} = \overline{A} \cup \overline{B}, \quad \overline{A \cup B} = \overline{A} \cap \overline{B}$$

も活用したい.

2. 何が同様に確からしいか

確率の問題を大きく2つのタイプに分けると,
(ⅰ) くじ引き型(一度引いたくじは戻さない)
(ⅱ) サイコロ型(サイコロを繰り返し投げる)
になる.

2・1 くじ引き型

くじ引き型には,

1人ずつ順番にくじを引く

6枚のカードから3枚を同時に選ぶ

といった設定の問題が含まれるが,いずれも同じくじやカードが2回以上引かれる(選ばれる)ことはない.

この場合,引いたくじ(カード)の順列や組合せの一つ一つが同様に確からしいと考えるのであるが,左段で述べたように

すべてのくじ(カード)を区別する

のが原則である.

例題1. 当たりくじ1本を含む10本のくじがあり，A，Bがこの順に1本ずつ引く．一度引いたくじは戻さない．
 (1) Bが当たりを引く確率を求めよ．
 (2) A，Bのどちらかが当たりを引く確率を求めよ．

くじ10本すべてを区別して考えるのであるから，くじに1～10の番号がつけられていて1番が当たり，としておくと考えやすい．

このとき，A，Bが引くくじの組（「組」は順列の意味で使う）を考えると全部で $10 \times 9 = 90$ 通りある．これらは同様に確からしい．

(1) 上の90通りの中にBが当たり（1番）を引くような引き方が何通りあるかを求める．Aが2番から10番のどれか（9通り）でBが1番を引く場合であるから9通りであり，求める確率は $\dfrac{9}{90} = \dfrac{1}{10}$

(2) Aが当たりを引く場合も9通りで，両者とも当たりを引くことはないから，$\dfrac{9+9}{90} = \dfrac{18}{90} = \dfrac{1}{5}$

* *

問題文の通りに解けばこうなるが，くじ引きでは次のような考え方をしてもよい．

まず，（第三者が）10本のくじを横一列に並べる．この並べ方の一つ一つが同様に確からしい．そして，Aは左端，Bはその右隣を引く．

そうすると，当たりがどこに並ぶかは1/10ずつの確率になるので，(1)は $\dfrac{1}{10}$，(2)は $\dfrac{1}{5}$

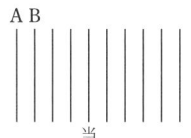

であることが計算せずにわかる．くじ引きは引く順番による有利不利がないことも納得できるだろう．

* *

複数のくじやカードを同時に引く，という表現をすることがある．現実には，厳密な意味で「同時に」引くことはできないが，選ばれたくじやカードの組合せのみに着目する（引かれた順番は無視する）という意味で使っている．

例題1と同じくじをAが同時に2本引くときに当たりが含まれる確率を考えよう．もちろん，答えは例題1の(2)と同じであり，「同時に」引くと確率が変わることはない．ただ，この場合は素直に「2本のくじの組合せ」の一つ一つが同様に確からしいと考えてよい．

Aが引く2本のくじの組合せは $_{10}C_2 = 45$ 通りあり，このうち，当たりを含む組合せは

　　1番と，2番から10番のどれか

だから9通り．よって確率は $\dfrac{9}{45} = \dfrac{1}{5}$

例題1の(2)を上のように解いてもよい（明らかに同じ問題だから）が，

　　分母 $n(U)$ と分子 $n(A)$ を同じ基準で数える

ことが重要である．分母を順列（90通り）にしたら分子も順列（18通り），分母を組合せ（45通り）にしたら分子も組合せ（9通り），としないと正解にならない．

2・2 サイコロ型

サイコロ型は，
　　1個のサイコロを繰り返し投げる
　　3個のサイコロを同時に投げる
　　一度引いたくじを戻して繰り返し引く
といった設定の問題で，くじ引き型と違い，同じ目やくじが複数回出てくる可能性がある．

1個のサイコロを2回投げるとしよう．1回目，2回目に出る目の数をそれぞれ x，y とすると，x は1～6の6通り，y は1～6の6通りあるから，目の数の組 (x, y) は $6 \times 6 = 36$ 通り

x \ y	1	2	3	4	5	6
1						
2						
3						
4						
5						
6						

ある．この36通りが同様に確からしい，つまり上図のマス目の一つ一つが等確率で起こると考える．サイコロを投げる回数が増えても同様で，3回なら $6^3 = 216$ 通りの目の組が同様に確からしい．

31

ここで，同様に確からしいのは目の「組」（順番込）であって目の「組合せ」（順番無）ではないことに注意しよう．例えば，組合せ {1, 1}［1の目が2回出る］は表に1か所しかないが，{1, 2}［1の目と2の目が出る］は2か所（どちらがxかで2通り）ある．

例題2．1個のサイコロを3回投げるとき，目の数の和が6になる確率を求めよ．

3回の目の組は $6^3=216$ 通りあってこれらは同様に確からしい．よって，この216通りの中に和が6になるものが何通りあるかを求めればよいのであるが，このような問題では，まず目の「組合せ」を求め，それをもとに目の「組」を求めるとよい．

和が6になるような目の組合せは，
  {4, 1, 1}, {3, 2, 1}, {2, 2, 2}
の3通りがある（答えを 3/216 としないように！）．
 {4, 1, 1} は，4の目が何回目に出るかで3通りあるから，目の組は3通り．
 同様に，{3, 2, 1} は $3!=6$ 通り．
 {2, 2, 2} は1通り．
 合計で（目の組は $3+6+1=$）10 通りとなるから，答えは $\dfrac{10}{216}=\dfrac{\mathbf{5}}{\mathbf{108}}$ である．

3か所の ～～ を見るとわかるように，目の組合せ1通りに対して目の組が何通りあるかは一定でない．原因は同じ目が2回以上出ることにあり，これがくじ引き型との違いである．なお，くじ引き型では上の {3, 2, 1} に相当するものしかないので「組合せ」の1通りと「組」の何通りが対応するかが一定であり，そのために組でも組合せでも同様に確からしい（組の一つ一つが同様に確からしいならば組合せの一つ一つも同様に確からしい）のである．

複数のサイコロを同時に投げる場合は，「1個(回)ずつ順に投げる」あるいは「区別できるサイコロを投げる」と考える．例えば，「3個のサイコロを同時に投げるときに目の数の和が6になる確率」は，「大中小の3個のサイコロを同時に投げるときに目の数の和が6になる確率」であり，「1個のサイコロを3回投げるときに目の数の和が6になる確率」とも同じである．

同時ではなく，順次投げると考えた方がわかりやすい例を一つ紹介しよう．「サイコロ2個を投げるとき，同じ目が出る確率」は，まず1個のサイコロを投げ，「次に投げるサイコロの目が最初の目と一致する確率」と考えれば $\dfrac{1}{6}$ であることがすぐにわかる．

3. 独立な試行

2つの試行 S, T があり，互いに他方の結果に影響を与えないとき，S と T は**独立**であるという．このとき，S で事象 A が起こり，T で事象 B が起こるという事象を C とすると，
$$P(C)=P(A)P(B)$$
が成り立つ．

 右図で
  $P(C)$
  $=($網目かつ太枠$)$の面積
  $=P(A)P(B)$
が成り立つ，というイメージであるが，事象 A, B が順次起こると考えれば，両方とも起こる確率が
  (A が起こる確率)×(B が起こる確率)
で求められることはほとんど明らかであろう．

サイコロを繰り返し投げるとすると，前の結果が後の結果に影響を与えることはなく，毎回 1〜6 が等確率で出る．複数個のサイコロを投げる場合も同様で，例えば
  試行 S： サイコロ X を投げる
  試行 T： サイコロ Y を投げる
とすると S と T は独立であるから，
  事象 A： 偶数の目が出る
  事象 B： 3の倍数の目が出る
とすれば，$P(A\cap B)=P(A)P(B)=\dfrac{3}{6}\cdot\dfrac{2}{6}=\dfrac{1}{6}$
と計算できる．

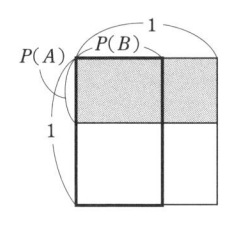

くじ引きは，前に引く人の結果が後に引く人の結果に影響を与えるので独立ではない．例えば，10本中1本が当たりのくじをA，Bの順に1本ずつ引くとする．既に計算したように，Aが当たりを引く確率，Bが当たりを引く確率はともに $\frac{1}{10}$ である．しかし，A，Bがともに当たりを引く確率は0（当たりが1本しかないから）であり，$\frac{1}{10} \times \frac{1}{10}$ ではない．

4．反復試行

試行Sにおいて，事象Aが起こる確率がpであるとする．この試行を独立にn回繰り返して行うとき，事象Aがちょうどk回起こる確率は
$$_nC_k \cdot p^k(1-p)^{n-k}$$
である．

$\overline{A}$をBで表すことにして，n回の結果を
$$ABBAABAA,\ AAABABBA$$
($n=8$，$k=5$の例）のように書くことにする．このような結果の一つが起こる確率は，Aがk個とBが$n-k$個並んでいるので，並び順によらず
$$p^k(1-p)^{n-k} \cdots\cdots①$$
である．Aをk個，Bを$n-k$個並べる並べ方は（Aを配置するkか所を選ぶと考えて）$_nC_k$通りあるから，求めたい確率は $_nC_k \times ①$ となる．

5．条件つき確率

事象Aが起こったという条件のもとで事象Bが起こる確率を，事象Aが起こったときの事象Bの起こる**条件つき確率**といい，$P_A(B)$という記号で表す．

$P_A(B)$は，「全事象をAと考え，Aから無作為に選ぶときにそれがBに属する確率」であるから，
$$P_A(B) = \frac{P(A \cap B)}{P(A)}$$
となる．

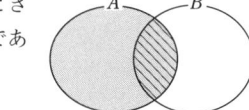

「事象Aが起こったという条件のもとで」と表現しているが，Aが起こったあとにBが起こるとは限らない．

例1： 1〜10の10個の整数から1個を無作為に選ぶとき，それが偶数であるという条件のもとで3の倍数である確率（答えは**1/5**）

のように同時であってもよいし，

例2： 10本中3本が当たりのくじをX，Yの順に1本ずつ引く（引いたくじは戻さない）とき，Yが当たりを引く（引いた）という条件のもとでXが当たりを引く（引いていた）確率

のように事象Aにあたるものが時間的に後でもよい．

ここでは例2について考えてみよう．Yが当たりを引くことを事象A，Xが当たりを引くことを事象Bとすると，求めるものは $P_A(B) = \frac{P(A \cap B)}{P(A)}$ である．

分母は，当たりを引く確率は引く順番によらないことから，$P(A) = \frac{3}{10}$

分子は，$A \cap B$ が「XもYも当たりを引く」であることから，$P(A \cap B) = \frac{3}{10} \cdot \frac{2}{9}$ $\cdots\cdots$②

よって，$P_A(B) = \frac{3}{10} \cdot \frac{2}{9} \div \frac{3}{10} = \frac{2}{9}$

＊　　　　　　　＊

さて，②の$\frac{3}{10}$，$\frac{2}{9}$はそれぞれ「Xが当たりを引く確率」，「Xが当たりを引いたという条件のもとでYが当たりを引く確率」であり，左段下の条件つき確率の分母を払った式
$$P(A \cap B) = P(A)P_A(B)$$
［ここでは，Xが当たりを引く事象がA］で計算したと考えることができる．

あるいは，「10本中3本が当たりのくじから1本を引く」試行と，当たりを1本取り除いたあとの「9本中2本が当たりのくじから1本を引く」試行は独立であるから，両方で当たりを引く確率は $\frac{3}{10} \cdot \frac{2}{9}$ としてもよい．

1 場合の数の比で求める／すべて異なる

4個の赤球と3個の白球，計7個の球がある．赤球には1, 2, 3, 4の数字が1つずつ書かれており，白球には1, 3, 5の数字が1つずつ書かれている．この7個を横一列に並べるとき，
(1) 同じ数字が書かれた球がすべて隣り合っている確率は ___ である．
(2) 同じ数字が書かれた球がどれも隣り合っていない確率は ___ である．

（京都学園大）

確率は場合の数の比 この例題では，7個の球の並べ方（7!通りある）のそれぞれが同様に確からしい．従って，確率は

$$\frac{\text{条件を満たす並べ方の総数}}{\text{並べ方の総数}[=7!]}$$

となる．（1）（2）それぞれで分子を求めるのが問題で，実質的には場合の数の問題と言える．

ここでは（取り出して並べるので）順列の1つ1つが同様に確からしい，となるが，例えばこの7個の球から3個を取り出して「数字がすべて異なる」というような条件を考えるときは「取り出す3個の球の組合せ（$_7C_3$ 通り）のそれぞれが同様に確からしい」とする．

≡ 解 答 ≡

赤球を❶❷❸❹，白球を①③⑤とする．7個の球の並べ方は7!通りあり，これらは同様に確からしい．

（1）❶と①の並びを $\boxed{1}$，❸と③の並びを $\boxed{3}$ とする．$\boxed{1}$ $\boxed{3}$ ❷❹⑤を横一列に並べる並べ方は5!通りあり，$\boxed{1}$ は❶①とするか①❶とするかで2通り，$\boxed{3}$ も同様に2通りあるから，題意を満たす並べ方は $5! \times 2 \times 2$ 通りある．

よって，求める確率は，

$$\frac{5! \times 2 \times 2}{7!} = \frac{2 \times 2}{7 \times 6} = \frac{2}{21}$$

（2）1が隣り合う（3が隣り合う場合を含む）並べ方は，（1）と同様に考えて $6! \times 2$ 通りであり，3が隣り合う並べ方もこれと同数ある．

右図斜線部は(1)で求めた $5! \times 2 \times 2$ 通りだから，1も3も隣り合わない並べ方（網目部）は

$$7! - (6! \times 2 + 6! \times 2 - 5! \times 2 \times 2) \text{ 通り}$$

ある．従って，求める確率は

$$\frac{7! - 2 \times 6! \times 2 + 5! \times 2 \times 2}{7!} = \frac{42 - 2 \times 6 \times 2 + 2 \times 2}{7 \times 6} = \frac{22}{42} = \frac{11}{21}$$

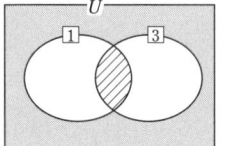

$\boxed{1}$:1が隣り合う
$\boxed{3}$:3が隣り合う

⇐ $\boxed{1}$❷❸❹③⑤の並べ方が6!通りで $\boxed{1}$ が2通り

⇐ 網目部 $= U - (\boxed{1} + \boxed{3} - $斜線部$)$

⇐ 5!で分母・分子を割った

○1 演習題（解答は p.46）

赤カード，黄カード，青カード，それぞれ4枚ずつ合計12枚のカードがあり，それぞれの色のカードには，1枚ずつに1, 2, 3, 4と数字が記入されている．この12枚のカードをよく混ぜて，そのうちから3枚のカードを同時に取り出す．

これら3枚のカードについて，
(1) ちょうど2種類の色がある確率は ___．
(2) すべて異なる数字である確率は ___．
(3) ちょうど2種類の数字がある確率は ___．
(4) 最大の数字が3である確率は ___．
(5) 3つの数字の和が6である確率は ___． （関西大・文, 総情）

> 3枚のカードの組合せの1つ1つが同様に確からしい．12枚から3枚を選ぶ組合せの総数を分母にする．

◆ 2 場合の数の比で求める／同じモノを含む

箱に，赤球6個，青球7個，白球3個の合計16個の球が入っている．この中から同時に4個の球を取り出すとき，
（1） 4個とも赤球である確率は □ である．
（2） 赤球を含まない確率は □ である．
（3） 取り出した球の中に，どの色も入っている確率は □ である．
（4） 赤球と白球を含む確率は □ である．

(松山大・経)

同色の球でも区別するのが基本 この例題の16個の球から1個を取り出すとき，赤球である確率は（1/3ではなくて）6/16である．この例であれば，「分母の16は球の総数．つまり，同色の球でも区別して，区別された1つ1つが等しい確率で取り出される（同様に確からしい）」と自然に考えられるだろう．取り出す個数が増えても同じで，すべての球を区別して取り出す球の組合せ（並べる場合は順列）の1つ1つが同様に確からしい，と考えるのが原則である．

■ 解 答 ■

赤球6個，青球7個，白球3個の16個をすべて区別すると，取り出す4個の組合せは $_{16}C_4$ 通りあり，これらは同様に確からしい．

（1） 赤球6個から4個を取り出すとき，その組合せは $_6C_4$ 通りあるから，

求める確率は $\dfrac{_6C_4}{_{16}C_4}=\dfrac{6\cdot5\cdot4\cdot3}{16\cdot15\cdot14\cdot13}=\dfrac{3}{2\cdot14\cdot13}=\dfrac{\mathbf{3}}{\mathbf{364}}$

⇦分母・分子に4!をかけた．

（2） 赤球以外の10個から4個を取り出す場合であり，その組合せは $_{10}C_4$ 通りある．よって，$\dfrac{_{10}C_4}{_{16}C_4}=\dfrac{10\cdot9\cdot8\cdot7}{16\cdot15\cdot14\cdot13}=\dfrac{3}{2\cdot13}=\dfrac{\mathbf{3}}{\mathbf{26}}$

（3） どの色の球を何個取り出すかで分類すると，
(i) 赤2個，青1個，白1個のときは $_6C_2\times7\times3=3\cdot5\cdot7\cdot3$ 通り
(ii) 赤1個，青2個，白1個のときは $6\times{_7C_2}\times3=6\cdot7\cdot3\cdot3$ 通り
(iii) 赤1個，青1個，白2個のときは $6\times7\times{_3C_2}=6\cdot7\cdot3$ 通り
以上より，求める確率は
$\dfrac{3\cdot5\cdot7\cdot3+6\cdot7\cdot3\cdot3+6\cdot7\cdot3}{_{16}C_4}=\dfrac{4!\cdot3^2\cdot7(5+6+2)}{16\cdot15\cdot14\cdot13}=\dfrac{4\cdot3\cdot2\cdot3^2}{16\cdot15\cdot2}=\dfrac{\mathbf{9}}{\mathbf{20}}$

⇦個数は 2, 1, 1
⇦ここで計算してしまわない方がよい．
⇦$7(5+6+2)=7\cdot13$ で約分

（4） （3）に青球を含まない（赤球と白球を含む）場合を加えればよい．これは，青球以外の9個から4個を取り出す $_9C_4$ 通りから赤球だけの $_6C_4$ 通りを除けばよく，この場合の確率は

⇦白球は3個しかないので白球4個の場合はない．

$\dfrac{_9C_4-_6C_4}{_{16}C_4}=\dfrac{9\cdot8\cdot7\cdot6-6\cdot5\cdot4\cdot3}{16\cdot15\cdot14\cdot13}=\dfrac{3\cdot7\cdot6-5\cdot3}{2\cdot5\cdot14\cdot13}=\dfrac{111}{2\cdot5\cdot14\cdot13}$

⇦24で約分

よって，答えは $\dfrac{9}{20}+\dfrac{111}{2\cdot5\cdot14\cdot13}=\dfrac{9\cdot91+111}{20\cdot91}=\dfrac{930}{20\cdot91}=\dfrac{\mathbf{93}}{\mathbf{182}}$

◆ 2 演習題 (解答は p.46)

1から15までの整数が1つずつ書いてある15枚のカードから3枚を抜きとるとき，その3枚に書いてある数の和を x，積を y とする．
（1） x が偶数である確率は，□ である．
（2） x が3の倍数である確率は，□ である．
（3） y が3の倍数である確率は，□ である．
（4） y が4の倍数である確率は，□ である．

(法政大・工)

（1）は奇数が0枚か2枚．
（2）は1～15を3で割った余りで分類しておく．
（3）は余事象．

3 くじ引き型

3つの箱 A，B，C と玉の入った袋がある．袋の中には最初，赤玉3個，白玉7個，全部で10個の玉が入っている．袋から玉を1つ取り出し，サイコロをふって1の目が出たらAに，2または3の目が出たらBに，その他の目が出たらCに入れる．この操作を続けて行う．ただし，取り出した玉は袋に戻さない．

（1） 2回目の操作が終わったとき，Aに2個の赤玉が入っている確率を求めよ．
（2） 3回目の操作でCに赤玉が入る確率を求めよ．

（東北大・理系／表現変更，小問1つを省略）

順次起こる場合は確率の積で求める　10本中3本が当たりのくじを引く問題……☆ を考えよう．
A，B がこの順に引く（引いたくじは戻さない）とき，2人とも当たりを引く確率は $\dfrac{3}{10} \times \dfrac{2}{9}$，つまり（A が当たりを引く確率）×（そのとき［9本中2本が当たり］B が当たりを引く確率）と計算してよい．確率を順次かけていけばよいのである．

くじ引きは平等　上の☆で10人が順番にくじを引くとき，特定の人が当たりを引く確率は，何番目に引くかによらず $\dfrac{3}{10}$ である（3人目は当たりやすいなどということはない）．これは，くじの方から見て，特定の1本のくじが何番目に引かれるかは対等（1/10ずつ）と考えれば納得できるだろう．同様に，上の例題で3回目に赤玉が取り出される確率は 3/10 である．

さて，☆の3本の当たりを1等，2等，3等としよう．10人が順番にくじを引くとき，当たりが1等，2等，3等の順に出る確率は $\dfrac{1}{6}$ である．仮に当たり3本だけを並べるとすれば並べ方は6通りあるのでこの確率になるが，はずれを混ぜて並べてもこの確率は変わらない．

解 答

（1） 1回目に赤玉を取り出し，かつサイコロの1の目が出る確率は $\dfrac{3}{10} \cdot \dfrac{1}{6}$

1回目に赤玉を取り出すと袋の中は赤玉2個，白玉7個だから，このとき2回目に赤玉を取り出し，かつサイコロの1の目が出る確率は，$\dfrac{2}{9} \cdot \dfrac{1}{6}$

よって求める確率は $\dfrac{3}{10} \cdot \dfrac{1}{6} \cdot \dfrac{2}{9} \cdot \dfrac{1}{6} = \dfrac{\mathbf{1}}{\mathbf{540}}$

⇦ A に2個の赤玉が入るのは，1回目，2回目とも赤玉を取り出し，かつサイコロの目が1のとき．

（2） 3回目に赤玉を取り出す確率は $\dfrac{3}{10}$ で，これが C に入る確率は $\dfrac{1}{2}$（サイコロの目が4，5，6）だから，求める確率は $\dfrac{3}{10} \cdot \dfrac{1}{2} = \dfrac{\mathbf{3}}{\mathbf{20}}$

---

3 演習題（解答は p.47）

1組のトランプのカード52枚のうち，スペードを4枚，ハートを3枚，ダイヤを2枚，クラブを1枚取る．その10枚をよくきって1枚ずつ引く．ただし，引いたカードは戻さない．
（1） 4枚引くとき，スペード，ハート，ダイヤ，クラブの順に引く確率を求めよ．
（2） スペードより先にハートを引く確率を求めよ．

（専修大）

（1）は確率の積で求められる．（2）はスペードとハートの合わせて7枚に着目する．例題前文の最後を参照．

◆4 サイコロ型

（1） 2個のさいころを同時に投げるとき，
　（i） 目の数の差が2である確率はいくらか．
　（ii） 目の数の積が12である確率はいくらか．
（2） 3個のさいころを同時に投げるとき，あるさいころの目の数が残りの2つのさいころの目の数の和に等しい確率はいくらか．

（椙山女学園大）

さいころは区別する　目はさいころ1つにつき6個あるから，2個投げた場合，目の出方は$36(=6^2)$通りあってこれらは同様に確からしい．さいころ2個であれば右のような表を書いて条件を満たすところに印をつける（図は目の数の和が6の場合で確率は5/36）という解法も実戦的と言える．

さて，右表で「1と2の目が出る」は2か所にあるが，これは「区別できるさいころに1と2の目を割り当てるとき，割り当て方は2通りある」ということである．ゾロ目は割り当て方が1通りなので表でも1か所ずつである．

まず目の組合せを調べる　さいころが3個以上のときは，表を書いて解くのは大変である．上で述べたように，まず目の組合せを調べ，次にどの目をどのさいころに割り当てるかを考える．

解答

（1） 2個のさいころを区別し，A，Bとすると，目の出方は$6^2=36$通りあり，これらは同様に確からしい．　　　　　　　　　　　　　　　　　　　　　　　　⇦表を使って解いてもよい．

（i） 目の組合せは{3, 1}, {4, 2}, {5, 3}, {6, 4}の4通りで，どちらがAであるかで各2通り．よって出方は$4\times 2=8$通り．

　　求める確率は $\dfrac{8}{36}=\dfrac{\mathbf{2}}{\mathbf{9}}$

⇦Aが3，Bが1とAが1，Bが3など，2つの目が異なるので割り当て方は2通りずつ．（ii）も同様．

（ii） 目の組合せは{2, 6}, {3, 4}だから，（i）と同様に目の出方は$2\times 2=4$通り．よって確率は $\dfrac{4}{36}=\dfrac{\mathbf{1}}{\mathbf{9}}$

（2） さいころを区別すると，目の出方は$6^3=216$通りある．　　⇦同様に確からしい．

3つの目をa, b, cとして，$a=b+c$を満たす(a, b, c)［ただし$b\leqq c$］を調べると，　　　　　　　　　　　　　　　　　　　　　　　　　　　　⇦ここは3つの目の組合せ．

　　(2, 1, 1), (3, 1, 2), (4, 1, 3), (4, 2, 2),
　　(5, 1, 4), (5, 2, 3), (6, 1, 5), (6, 2, 4), (6, 3, 3)

⇦aが小さい順，aが同じならbが小さい順．

目の割り当て方は，〰〰が各3通り，それ以外は各$3!=6$通りあるから，216通りのうち，条件を満たすような目の出方は

　　　　$3\times 3+6\times 6=45$（通り）

ある．　　　　　　　　　　　　　　　　　　　　　　　　　　　　⇦〰〰は，異なる目をどのさいころに割り当てるかで3通り．

　　従って，求める確率は $\dfrac{45}{216}=\dfrac{\mathbf{5}}{\mathbf{24}}$

◯4 演習題（解答はp.47）

1から6までの目をもつ立方体のサイコロを3回投げる．そして1, 2, 3回目に出た目をそれぞれa, b, cとする．
（1） a, b, cを3辺の長さとする正三角形が作れる確率を求めよ．
（2） a, b, cを3辺の長さとする二等辺三角形が作れる確率を求めよ．
（3） a, b, cを3辺の長さとする三角形が作れる確率を求めよ．

（滋賀医大）

まずa, b, cの組合せを列挙する．何かが小さい順など，系統的に数えよう．（1）（2）以外は3辺の長さが相異なる．

◆5 余事象の活用

偶数の目が出る確率が $\frac{2}{3}$ であるような,目の出方にかたよりのあるサイコロが2個あり,これらを同時に投げるゲームを行なう.両方とも偶数の目が出たら当たり,両方とも奇数の目が出たら大当たりとする.このゲームを n 回繰り返すとき,

(1) 大当たりが少なくとも1回は出る確率を求めよ.
(2) 当たりまたは大当たりが少なくとも1回は出る確率を求めよ.
(3) 当たりと大当たりのいずれもが少なくとも1回は出る確率を求めよ.

(関西学院大・法)

「少なくとも」は余事象 「少なくとも1回当たりが出る」というような,「少なくとも」が含まれる条件を扱う場合は,余事象を求めて全体から引くとうまくいくことが多い.この場合,余事象(すなわち条件を否定したもの)は「当たりが1回も出ない」となってこちらの方が求めやすいことは理解できるだろう.「n 回のうちの少なくとも1回」をそのまま扱うのは困難である.

ベン図の活用 A かつ B,A または B,のような複合的な条件を考える場合は,ベン図を描いて整理するとよい.(3)では,余事象を考えさらにベン図を描くことになる.

▓解 答▓

ゲームの各回において,当たりの確率は $\left(\frac{2}{3}\right)^2 = \frac{4}{9}$,大当たりの確率は $\left(\frac{1}{3}\right)^2 = \frac{1}{9}$ である.

⇔1つのサイコロにおいて奇数が出る確率は $1 - \frac{2}{3} = \frac{1}{3}$

(1) 大当たりが1回も出ない確率は $\left(\frac{8}{9}\right)^n$ だから,答えは $1 - \left(\frac{8}{9}\right)^n$

(2) 当たりも大当たりも出ない確率は $\left\{1 - \left(\frac{4}{9} + \frac{1}{9}\right)\right\}^n = \left(\frac{4}{9}\right)^n$ だから,答えは $1 - \left(\frac{4}{9}\right)^n$

(3) 条件を否定すると,当たりが1回も出ない……① または 大当たりが1回も出ない……② であり,この確率(つまり余事象の確率)は,

(①の確率)+(②の確率)−(①かつ②の確率)$= \left(\frac{5}{9}\right)^n + \left(\frac{8}{9}\right)^n - \left(\frac{4}{9}\right)^n$

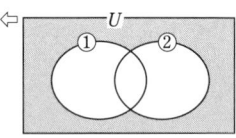

答えは, $1 - \left(\frac{5}{9}\right)^n - \left(\frac{8}{9}\right)^n + \left(\frac{4}{9}\right)^n$

網目部が求めるもの.①の確率は $\left(1 - \frac{4}{9}\right)^n = \left(\frac{5}{9}\right)^n$

①かつ②は当たりも大当たりも出ない.その確率は(2)で求めた.

◆5 演習題(解答は p.48)

ある学校では毎日,A,B,C,D,E の5曲の中から異なる3曲を無作為に選んで昼休みに放送している.n を自然数とする.

(1) 1日に曲 A,B が両方とも放送される確率を求めなさい.
(2) n 日間で曲 A,B のいずれも全く放送されない確率を求めなさい.
(3) n 日間で曲 A が少なくとも1度は放送される確率を求めなさい.
(4) n 日間でどの曲も少なくとも1度は放送される確率を求めなさい.

(山口大・理系)

(3)(4)は定石通り余事象を考える.(4)で1度も放送されない曲がある場合,1曲か2曲.

●6 サイコロ型／最大値

1個のさいころを繰り返し3回振る．このとき，
（1） 出る目の最大値が4以下である確率は，□□□□である．
（2） 出る目の最大値が4である確率は，□□□□である．
（東京経済大）

「最大値が4以下」は易しい　最大値が4以下ということは，すべての目が4以下ということである．

（4以下）−（3以下）で求める　最大値が4になるのは，すべての目が4以下であってかつ4の目が少なくとも1回出る場合である．これを，（すべて4以下）−（すべて3以下）と言いかえて求める（右図参照）のがポイント．余事象のような考え方をしている（すべて4以下であってかつ4の目が1回も出ないのはすべて3以下の場合）のであるが，～～～をそのまま頭に入れておきたい．

解 答

（1） 出る目の最大値が4以下になるのは3回とも4以下の目が出るときだから，その確率は
$$\left(\frac{4}{6}\right)^3 = \left(\frac{2}{3}\right)^3 = \frac{8}{27}$$

（2） 出る目の最大値が4になるのは，すべての目が4以下であり，かつ「すべての目が3以下」ではないときである．

3回とも3以下になる確率は $\left(\frac{3}{6}\right)^3$ であるから，求める確率は
$$\left(\frac{4}{6}\right)^3 - \left(\frac{3}{6}\right)^3 = \frac{4^3 - 3^3}{6^3} = \frac{64-27}{216} = \frac{37}{216}$$

➡注　上の解答では最初から確率を計算したが，目の出方の場合の数を考えてもよい（本問ではほとんど同じ）．

3回の目の出方は $6^3 = 216$ 通りあってこれらは同様に確からしい．

このうち，3回とも4以下であるものは 4^3 通り，3回とも3以下であるものは 3^3 通り．

◇6 演習題（解答は p.48）

n を2以上の自然数とする．n 個のさいころを同時に投げるとき，次の確率を求めよ．
（1） 少なくとも1個は1の目が出る確率．
（2） 出る目の最小値が2である確率．
（3） 出る目の最小値が2かつ最大値が5である確率．
（滋賀大・経−後）

同時でも1個ずつでも同じ．（3）は全部2〜5の場合から「全部3〜5」などを除けばよいが…

● 7 じゃんけん

A, Bの2人を含む7人でジャンケンを一回行う．勝負がつかない確率は ア である．また，Aが勝ち，Bが負ける確率は イ である．
（東京工科大・メディア）

誰がどの手で勝つか じゃんけんの手は対等なので，例えば「Aはグーを出す」としてもよいのであるが，多くの場合，考えやすくはならない．じゃんけんの問題では，「誰がどの手で勝つか」を決めるのが明快で，分母をすべての手の出し方（この例題では 3^7 通り）にして条件を満たすような手の出し方が何通りあるかを計算する．勝負がつかない場合より勝負がつく場合の方が計算しやすい．

■解答■

7人の手の出し方は 3^7 通りあり，これらは同様に確からしい．

ア：勝負がつく場合（余事象）を考える．勝つ手がグーであるとすると，勝負がつくのは，7人ともグーかチョキであって2種類の手が出る（つまり全員グー，全員チョキを除く）場合だから，7人の手の出し方は 2^7-2 通りある．

勝つ手の決め方は3通りあるので，勝負がつくのは $3(2^7-2)$ 通り．

よって，勝負がつかない確率は

$$1-\frac{3(2^7-2)}{3^7}=1-\frac{126}{3^6}=1-\frac{14}{3^4}=\frac{67}{81}$$

イ：Aの手は3通りある．<u>Aがグーで勝つ</u>とすると，Bはチョキで残りの5人はグーかチョキのいずれかであるから，7人の手の出し方は 2^5 通りある． ⇦他の場合も同様なのであとで×3

よって，求める確率は

$$\frac{3\times 2^5}{3^7}=\frac{2^5}{3^6}=\frac{32}{729}$$

➡注 アでは，じゃんけんの手の対等性から，<u>Aはグーを出すとしてそのもとでの確率を求めてもよい</u>．余事象を考えると，残り6人の手の出し方 3^6 通りのうち，勝負がつくのは6人ともグーかチョキ（全員グーを除く）または全員グーかパー（全員グーを除く）の場合だから，$2\times(2^6-1)$ 通り． ⇦これが答え．

よって，求める確率は $1-\dfrac{2(2^6-1)}{3^6}=1-\dfrac{2\cdot 63}{3^6}=1-\dfrac{14}{3^4}=\dfrac{67}{81}$

しかし，例えば「7人のうちの3人が勝つ確率」を求める場合は，解答のように勝つ手と勝つ人を決めると考えた方がよい． ⇦演習題ではこのような確率を求めることになる．

● 7 演習題（解答は p.48）

（1）3人でじゃんけんをし，1人だけが勝ち残るまで続ける．ただし，途中で負けた人はそれ以後のじゃんけんに加わることはできない．1人の勝者がきまるまでに n 回かかる確率を $P(n)$ としたとき，$P(1)=$ □，$P(2)=$ □ である．

（2）4人でじゃんけんをし，1人だけが勝ち残るまで続ける．ただし，途中で負けた人はそれ以後のじゃんけんに加わることはできない．1人の勝者がきまるまでに n 回かかる確率を $Q(n)$ としたとき，$Q(1)=$ □，$Q(2)=$ □，$Q(3)=$ □ である．
（大東文化大／(1)を追加）

例題と同様，誰がどの手で勝つかを考える．勝ち残る人数の推移を地道に調べていくしかないが，なるべく前の結果を使うようにしたい．

8 ランダムウォーク

数直線上を点Pが1ステップごとに，+1または-1だけそれぞれ$\frac{1}{2}$の確率で移動する．数直線上の値が3の点をAとし，PがAにたどり着くと停止する．
(1) Pが原点Oから出発して，ちょうど5ステップでAにたどり着く確率を求めよ．
(2) Pが原点Oから出発して，6ステップ後に値が2の点Bにたどり着く確率を求めよ．
(3) Pが原点Oから出発して，8ステップ以上移動する確率を求めよ．

(東北大・経-後)

ランダムウォークは反復試行 この例題のように，数直線上（あるいは平面上）を点がでたらめに動く設定の問題を「ランダムウォークの問題」と呼んでいる．「Aに着くと停止」という制約がなければ反復試行であるから，例えば「5ステップまでに+1が2回，-1が3回で-1の点に到達する確率」は $_5C_2 \times \left(\frac{1}{2}\right)^2 \times \left(\frac{1}{2}\right)^3$ となる．(1)(2)は，まず+1の移動が何回あるかを求め，途中で停止する場合を別に考える．

奇数ステップ後は奇数の点 奇数ステップ後は値が奇数の点に，偶数ステップ後は値が偶数の点にそれぞれある．

解答

(1) 最後の移動は+1であり，それ以前の4ステップは+1が3回，-1が1回である．この4通りの移動のしかたのうち，最初から+1が3回続くもの(1通り)だけが不適なので，求める確率は $\frac{4-1}{2^4} \times \frac{1}{2} = \frac{3}{32}$

⇐ $4={}_4C_3$
⇐ $\frac{1}{2}$ は最後の+1

(2) 最後の移動は+1であり，それ以前の5ステップは+1が3回，-1が2回である．この $_5C_3$ 通りの移動のしかたのうち，最初から+1が3回続くもの(1通り)だけが不適なので，求める確率は $\frac{10-1}{2^5} \times \frac{1}{2} = \frac{9}{64}$

⇐ 5ステップ後に値が1の点
⇐ $10={}_5C_3$

(3) 8ステップ未満でAにたどり着く場合（余事象）をまず考える．+1がx回，-1がy回でちょうどAにたどり着くとすると，$x-y=3$, $x+y<8$ であるから，$(x, y)=(3, 0), (4, 1), (5, 2)$

⇐ 8ステップ以上は大変だから，余事象を考える．

$(x, y)=(3, 0)$ のときの確率は $\frac{1}{2^3}=\frac{1}{8}$ であり，(4, 1)は(1)で求めた．

(5, 2)のときは6ステップ後がBで最後に+1だから確率は $\frac{9}{64} \times \frac{1}{2}$

⇐ (2)の結果が使える．

従って，求める確率は $1-\left(\frac{1}{8}+\frac{3}{32}+\frac{9}{128}\right)=\boldsymbol{\frac{91}{128}}$

◯8 演習題 (解答はp.49)

原点Oから出発して数直線上を動く点Pがある．点Pは，1枚の硬貨を投げて表が出ると+1だけ移動し，裏が出ると-1だけ移動する．
(1) 硬貨を10回投げて，このとき点Pが原点Oにもどっている確率は [ ] である．
(2) 硬貨を10回投げるとき，点Pが少なくとも4回目と10回目に原点Oにいる確率は [ ] である．
(3) 硬貨を10回投げるとき，点Pがそれまで1度も原点Oを通らず，10回目に初めて原点Oにもどる確率は [ ] である．

(摂南大・薬)

(1)と(2)は単なる反復試行．(3)はうまい数え方もあるが，原点にもどるのは偶数回後しかないことに着目して数え上げても大した手間ではない．

● 9 経路の問題

右図のような格子状の街路がある．A 点から B 点まで最短距離で移動する．図の格子点で，右へ行く確率は $\frac{1}{2}$，上に行く確率は $\frac{1}{2}$ とする．ただし，ひとつの方向しか行けない場合は確率 1 でその方向に進む．A 点から B 点まで行くとき，P 点，Q 点を通って行く確率をそれぞれ求めよ．

(類 中部大・工)

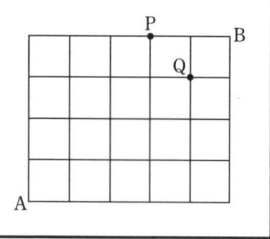

経路 1 つ 1 つは同様に確からしくない この問題で注意することは「ひとつの方向しか行けない場合（右図の○印の点）は確率 1 でその方向に進む」である．このため，経路の 1 つ 1 つは同様に確からしくならない．例えば右図の R_1 のように移動する確率は，○印の点を 5 回，それ以外の点は（A を含めて）4 回通るので，$1^5 \times \left(\frac{1}{2}\right)^4$ であり，R_2 のように移動する確率は $1^3 \times \left(\frac{1}{2}\right)^6$ である．ここでは書きこみ方式（場合の数の ○10 参照）で解いてみるが，○印の点を何回通るかを考えて計算してもよい．

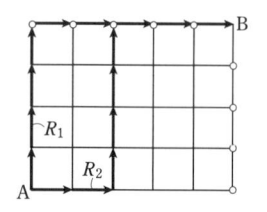

必ず B に到達する 上側と右側がカベになっているので，必ず B に到達する．つまり，「Q を通って B に行く確率」は「Q を通る確率」であり，Q→B は考える必要がない．問題文に惑わされないようにしよう．

▪解 答▪

下図の点 X, Y に到達する確率がそれぞれ x, y のとき，Z に到達する確率は，X が上端のとき $x + \frac{1}{2}y$，それ以外のとき $\frac{1}{2}(x+y)$ である． ⇦ Y は右端でない点

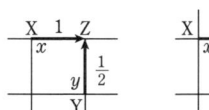

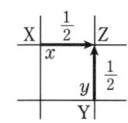

これを用いて各点に到達する確率を書きこんでいくと右のようになるから，答えは

$$P \cdots \frac{1}{2}, \quad Q \cdots \frac{35}{128}$$

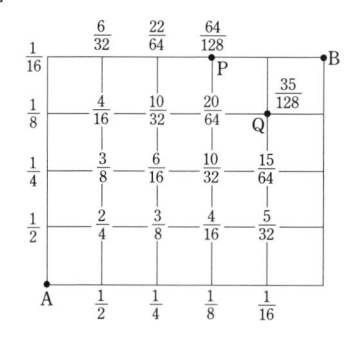

○9 演習題（解答は p.50）

右の図のように東西に 4 本，南北に 6 本の道があり，各区画は正方形である．P, Q の二人はそれぞれ A 地点，B 地点を同時に同じ速さで出発し，最短距離の道順を取って B 地点，A 地点に向かった．ただし，2 通りの進み方がある交差点では，それぞれの選び方の確率は $\frac{1}{2}$ であるとする．P, Q が C 地点で出会う確率は (1) である．また，どこか途中で出会う確率は (2) である．

(北里大・薬)

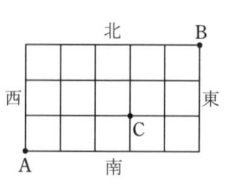

(2)は，出会う地点をまず求める．図の対称性も活用したい．

10 確率の最大値

赤, 青, 黄3組のカードがある. 各組は10枚ずつで, それぞれ1から10までの番号がひとつずつ書かれている. この30枚のカードの中から k 枚 ($4 \leq k \leq 10$) を取り出すとき, 2枚だけが同じ番号で残りの $(k-2)$ 枚はすべて異なる番号が書かれている確率を $p(k)$ とする.

（1） $\dfrac{p(k+1)}{p(k)}$ ($4 \leq k \leq 9$) を求めよ.

（2） $p(k)$ ($4 \leq k \leq 10$) が最大となる k を求めよ.

（福岡教大／一部省略）

確率の最大値は隣どうしを比較 確率 $p(k)$ の中で最大の値（または最大値を与える k）を求める問題では, 隣どうし $[p(k)$ と $p(k+1)]$ を比較して増加する $[p(k) \leq p(k+1)]$ ような k の範囲を求める. $p(k)$ と $p(k+1)$ の大小を比較すればよいのであるが, $p(k)$ と $p(k+1)$ は似た形をしているので $\dfrac{p(k+1)}{p(k)}$ を計算すると約分されて式が簡単になることが多い. $\dfrac{p(k+1)}{p(k)} \geq 1 \iff p(k) \leq p(k+1)$ である.

解 答

（1） 30枚から k 枚 ($4 \leq k \leq 10$) を取り出す取り出し方は $_{30}C_k$ 通りあり, これらは同様に確からしい. このうちで題意を満たすものは, 同じ番号の2枚について番号の選び方が10通りで番号を決めると色の選び方が $_3C_2$ 通り, 異なる番号の $(k-2)$ 枚について番号の選び方が $_9C_{k-2}$ 通りでそれを1つ決めると色の選び方が 3^{k-2} 通りある.

よって, $p(k) = \dfrac{10 \cdot 3 \cdot _9C_{k-2} \cdot 3^{k-2}}{_{30}C_k}$

$\therefore \dfrac{p(k+1)}{p(k)} = \dfrac{_9C_{k-1} \cdot 3^{k-1}}{_{30}C_{k+1}} \cdot \dfrac{_{30}C_k}{_9C_{k-2} \cdot 3^{k-2}}$ ⇦ $10 \cdot 3$ を約分

$= \dfrac{(k+1)!(29-k)!}{30!} \cdot \dfrac{30!}{k!(30-k)!} \cdot \dfrac{9!}{(k-1)!(10-k)!} \cdot \dfrac{(k-2)!(11-k)!}{9!} \cdot 3$ ⇦ 順に, $\dfrac{1}{_{30}C_{k+1}}$, $_{30}C_k$, $_9C_{k-1}$, $\dfrac{1}{_9C_{k-2}}$ 最後の3は 3^{k-1} と 3^{k-2} を約分.

$= \dfrac{\mathbf{3(k+1)(11-k)}}{\mathbf{(k-1)(30-k)}}$

（2） $p(k) \leq p(k+1) \iff \dfrac{p(k+1)}{p(k)} \geq 1 \iff \dfrac{3(k+1)(11-k)}{(k-1)(30-k)} \geq 1$ ⇦ $p(k) > 0$, $p(k+1) > 0$

$\iff 3(k+1)(11-k) \geq (k-1)(30-k) \iff k(2k+1) \leq 63$ ……①

$5 \cdot (2 \cdot 5 + 1) < 63 < 6 \cdot (2 \cdot 6 + 1)$ であるから, ①を満たす k は $k = 4, 5$ で①の等号は成立しない. よって ⇦ k は4～9の整数

$p(4) < p(5) < p(6),\ p(6) > p(7) > p(8) > p(9) > p(10)$

となり, $p(k)$ が最大となる k は **6**.

10 演習題 （解答は p.50）

当たりくじ2本を含む5本のくじがある. このくじを1本引いて, 当たりかはずれかを確認したのち, もとに戻す試行を T とする. 試行 T を当たりくじが3回出るまで繰り返すとき, ちょうど n 回目で終わる確率を $p(n)$ とする.

（1） 試行 T を5回繰り返したとき, 当たりが2回である確率を求めよ.

（2） $n \geq 3$ として, $p(n)$ を求めよ.

（3） $p(n)$ が最大となる n を求めよ.

（芝浦工大）

n 回目が3回目の当たりなので, それまでに当たりは2回. （3）は例題と同じ手法を使う.

11 条件つき確率

原点から出発して数直線上を動く点 Q がある．硬貨を投げて表が出たら点 Q は右へ 1 だけ，裏が出たら左へ 1 だけ進む．ただし，点 Q は座標 -1 の点に到達すると硬貨の表裏にかかわらずこの点に止まっているものとする．硬貨を n 回投げたときの点 Q の座標を X_n とするとき，$X_2 \ne -1$ という条件のもとで $X_5 = -1$ となる確率を求めよ． (姫路工大の一部)

条件つき確率の公式 「A の条件のもとで B となる確率 $P_A(B)$」を求める問題では，公式 $P_A(B) = \dfrac{P(A \cap B)}{P(A)}$ を用いて計算する．

公式の丸暗記でもよいが，右図をイメージして $\dfrac{\text{太枠 かつ 網目}}{\text{太枠}}$ のように考えるとよい．

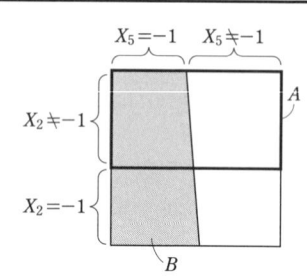

解答

$X_2 \ne -1$ となる事象を A，$X_5 = -1$ となる事象を B とする．求めるものは，A のもとで B になる確率だから $P_A(B) = \dfrac{P(A \cap B)}{P(A)}$

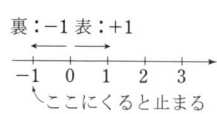

A は，1 回目に表が出ることなので $P(A) = \dfrac{1}{2}$

$A \cap B$ となるような硬貨の表裏の出方は，表を○，裏を×，どちらでもよいことを△で表すと，右の 3 タイプある．この確率は，

$$P(A \cap B) = \dfrac{1}{2^5} + \dfrac{1}{2^5} + \dfrac{1}{2^3} = \dfrac{1+1+4}{2^5} = \dfrac{6}{32} = \dfrac{3}{16}$$

求める確率は，$P_A(B) = \dfrac{P(A \cap B)}{P(A)} = \dfrac{3}{16} \div \dfrac{1}{2} = \dfrac{\mathbf{3}}{\mathbf{8}}$

裏：-1　表：$+1$

⇐1 回目が表なら 2 回後に -1 となることはない．

○○××× …… ⇐ $0 \to 1 \to 2 \to 1 \to 0 \to -1$
○×○×× …… ⇐ $0 \to 1 \to 0 \to 1 \to 0 \to -1$
○××△△ …… ⇐ $0 \to 1 \to 0 \to -1 \to -1 \to -1$

⇒**注** この問題は，$X_2 \ne -1 \iff$ 1 回目が表 と言いかえることができ，求めるものは「そのときに $X_5 = -1$ となる確率」に他ならない．つまり，2 回目から 5 回目の表裏の出方を考えて（○×××，×○××，××△△）

$\dfrac{1}{2^4} + \dfrac{1}{2^4} + \dfrac{1}{2^2} = \dfrac{1+1+4}{16} = \dfrac{3}{8}$ とできる．「A の状況のもとで B になる」を簡単に表現できるならばこのような解き方をしてもよいが，下の演習題は定義を使わないとできない．

11 演習題 （解答は p.51）

赤玉 3 個と白玉 5 個が入っている袋がある．この袋から玉を 1 個とり出しその色のいかんにかかわらず白玉 1 個をこの袋へ入れるという操作を繰り返す．2 回目までに少なくとも 1 回は赤玉が取り出されたことがわかっているとき，3 回目に赤玉が取り出される確率を求めよ． (琉球大)

$P(A),\ P(A \cap B)$ をそれぞれ計算する．

12 条件つき確率／原因の確率

袋Xには赤玉3つと白玉2つ，袋Yには赤玉3つと白玉4つが入っている．X，Yの袋のうちの1つを選び，その中から1つの玉を取り出したところ，それが赤玉であった．選んだ袋がXであった確率を求めよ．

(成城大／改題)

原因の確率 この例題のように時間が前後していると考えにくいが，前問と同じ公式を使うと機械的に計算できる．右図より

$$P_B(A) = \frac{\text{太枠 かつ 網目}}{\text{太枠}} = \frac{P(B \cap A)}{P(B)} \quad \begin{bmatrix} A : \text{袋Xを選ぶ} \\ B : \text{赤玉を取り出す} \end{bmatrix}$$

であることがわかるだろう．分子の $P(B \cap A)$ は $P(A \cap B)$ と時間順にすれば計算できる（ここがポイント）．傍注も参照．

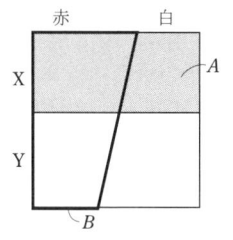

解答

事象 A, B を

A：袋Xを選ぶ，B：赤玉を取り出す

とすると，求める確率は $P_B(A) = \dfrac{P(B \cap A)}{P(B)} = \dfrac{P(A \cap B)}{P(B)}$

ここで，

$$P(A \cap B) = \frac{1}{2} \times \frac{3}{5} = \frac{3}{10}$$

$$P(B) = \frac{1}{2} \times \frac{3}{5} + \frac{1}{2} \times \frac{3}{7} = \frac{3(7+5)}{2 \times 5 \times 7} = \frac{18}{35}$$

よって，求める確率は $\dfrac{3}{10} \div \dfrac{18}{35} = \dfrac{3}{10} \times \dfrac{35}{18} = \dfrac{7}{12}$

⇐ 袋X，袋Yを選ぶ確率は $\dfrac{1}{2}$ ずつ．
袋と玉の色の組は(X,赤)，(X,白)，(Y,赤)，(Y,白)の4通りがあり，
$P(A \cap B) = $ ——
$P(B) = $ —— + ～～

➡注 この例題の設定が奇妙に感じられるのは，玉を取り出した時点で A が起こっていたかどうかは決まっている（従って確率も何もない）からである．しかし，観察結果（正しいとは限らない）だけがわかっていて元の状況を推測する，ということは珍しくない．数値を例題に合わせて作ってみると，「顔写真から性別を判定するコンピュータソフトを作ったが，一定の割合で誤った判定をする．女の写真が男と判定される確率は2/5，男の写真が女と判定される確率は3/7である．いま，無作為に選んだ写真を判定させたところ，女であった．この人が本当に女である確率を求めよ．」

⇐ 袋Xを選ぶ＝女の写真を判定させる
袋Yを選ぶ＝男の写真を判定させる
赤玉を取り出す＝女と判定される
白玉を取り出す＝男と判定される
この例で考えると，例題の答えが1/2より大きいことが納得できる．

⚪12 演習題 （解答は p.51）

左のポケットに100円硬貨が6枚と10円硬貨が3枚入っており，右のポケットに100円硬貨が3枚と10円硬貨が4枚入っている．右ポケットから5枚の硬貨をとり出し左ポケットに入れ，つぎに左ポケットから1枚の硬貨をとり出したところ，後でとり出した1枚が10円硬貨であった．先にとり出した5枚が100円硬貨3枚と10円硬貨2枚である確率を求めよ．

(名古屋市大・経の一部)

右→左の5枚の内訳は3通りあるが，等確率ではない．

確率
演習題の解答

1…B***　　2…B***　　3…B*○
4…B***　　5…C**　　6…B**
7…C***　　8…B***　　9…B**
10…B**　　11…A*　　12…B**

1 12枚から3枚を選ぶ組合せの総数を分母にする．右のような表を書いておくと解きやすい．

	1	2	3	4
赤				
黄				
青				

（1） ある色の4枚から2枚，残り8枚から1枚を取り出す．（3）もほぼ同様．
（2） 数字→色の順に決めると考える．別解も参照．
（4） 直接数えるのであれば3の枚数で場合わけ，例題6の考え方をすると早い（☞別解）．
（5） まず数字の組合せを考える．

解 取り出す3枚のカードの組合せは
$${}_{12}C_3 = \frac{12 \cdot 11 \cdot 10}{3 \cdot 2} = 2 \cdot 11 \cdot 10 \text{ 通り} \cdots\cdots①$$

あり，これらは同様に確からしい．以下，①のうちの何通りが条件を満たすかを考える．

（1） ちょうど2種類の色がある場合，ある色のカードが2枚……②，それ以外の色のカードを1枚……③　取り出す．②の2枚の決め方は，その色が3通りで色を決めると $_4C_2$ 通り．③の1枚の決め方は，②の色以外の8枚から1枚選ぶので8通り．よって，答えは
$$\frac{3 \times {}_4C_2 \times 8}{①} = \frac{3 \cdot 6 \cdot 8}{2 \cdot 11 \cdot 10} = \frac{36}{55}$$

（2） 3種類の数字が出るので，その3種類の組合せは $_4C_3$ 通りある．そのうちの1通り，例えば1, 2, 3について，色の決め方は，1が3通り，2も3通り，3も3通りある．よって，答えは
$$\frac{{}_4C_3 \times 3 \times 3 \times 3}{①} = \frac{4 \cdot 3 \cdot 3 \cdot 3}{2 \cdot 11 \cdot 10} = \frac{27}{55}$$

（3） ちょうど2種類の数字がある場合，ある数字のカードを2枚…④，それ以外の数字のカードを1枚…⑤　取り出す．④の2枚の決め方は，その数字が4通りで数字を決めると $_3C_2$ 通り．⑤の1枚の決め方は，④の数字以外の9枚から1枚選ぶので9通り．よって，答えは
$$\frac{4 \times {}_3C_2 \times 9}{①} = \frac{4 \cdot 3 \cdot 9}{2 \cdot 11 \cdot 10} = \frac{27}{55}$$

（4） 3を1枚取り出すとき，3の色が3通りで，残り2枚は1, 2（合計6枚）から選ぶので，$_6C_2$ 通り．

3を2枚取り出すとき，3の色が $_3C_2$ 通り，残り1枚の選び方は6通り．

3を3枚取り出すとき，1通り．

以上より，
$$\frac{3 \times {}_6C_2 + {}_3C_2 \times 6 + 1}{①} = \frac{3 \cdot 15 + 3 \cdot 6 + 1}{2 \cdot 11 \cdot 10}$$
$$= \frac{64}{2 \cdot 11 \cdot 10} = \frac{16}{55}$$

（5） 和が6になる3つの数字の組合せは，
　　{1, 1, 4}, {1, 2, 3}, {2, 2, 2}
①①④ となる取り出し方は，① 2枚が $_3C_2$ 通り，④ が3通り．
①②③ となる取り出し方は，①②③ それぞれ3通り．
②②② は1通り．
以上より
$$\frac{{}_3C_2 \times 3 + 3^3 + 1}{①} = \frac{3 \cdot 3 + 27 + 1}{2 \cdot 11 \cdot 10} = \frac{37}{220}$$

別解 （2） 3枚を順次取り出すとする．1枚目はどれでもよい．2枚目の数字が1枚目と異なる確率は $\frac{9}{11}$

このもとで3枚目が1枚目・2枚目と異なる確率は $\frac{6}{10}$

よって，求める確率は $\frac{9}{11} \cdot \frac{6}{10} = \frac{27}{55}$

（4） 最大の数字が3になるのは，すべて3以下……⑥　であって，すべて2以下……⑦　でない場合．⑥となる取り出し方は $_9C_3$ 通り，⑦となる取り出し方は $_6C_3$ 通りだから，求める確率は
$$\frac{{}_9C_3 - {}_6C_3}{①} = \frac{84 - 20}{①} = \frac{64}{2 \cdot 11 \cdot 10} = \frac{16}{55}$$

⇒**注** ①はこの形のまま計算しないでおく方がよい（あとで約分されることが多いから）．

2 （1） 奇数が0枚か2枚の場合．
（2） 和が3の倍数という条件なので，最初に各数を3で割った余りで3つに分類しておき，どのグループから何枚取り出すかを考える．
（3） 余事象（3の倍数でない）を考えると早い．
（4） 解き方はいろいろあるが，偶数の枚数で場合わけしてみる．別解などは☞ミニ講座（p.52）．

解 15枚から3枚を選ぶのでその組合せは
$${}_{15}C_3 = \frac{15 \cdot 14 \cdot 13}{3 \cdot 2} = 5 \cdot 7 \cdot 13 \text{ (通り)}$$

あり，これらは同様に確からしい．

（1） 偶数のカードは7枚，奇数のカードは8枚ある．

3枚の数の和xが偶数になるのは，偶数3枚を選ぶときか，偶数1枚と奇数2枚を選ぶときだから，選び方は

$$_7C_3 + 7 \times {}_8C_2 = \frac{7 \cdot 6 \cdot 5}{3 \cdot 2} + 7 \cdot \frac{8 \cdot 7}{2}$$
$$= 7 \cdot 5 + 7 \cdot 4 \cdot 7 = 7(5 + 28) \text{ 通り}$$

よって，確率は

$$\frac{7 \cdot 33}{5 \cdot 7 \cdot 13} = \frac{33}{65}$$

（2） 1～15を，3で割った余りで

$R_0 = \{3, 6, 9, 12, 15\}$ ［余り0］
$R_1 = \{1, 4, 7, 10, 13\}$ ［余り1］
$R_2 = \{2, 5, 8, 11, 14\}$ ［余り2］

と分類する．xが3の倍数になるのは，

R_0から3枚取り出す場合，
R_1から3枚取り出す場合，
R_2から3枚取り出す場合，
R_0, R_1, R_2から1枚ずつ取り出す場合

［例えばR_0から2枚取り出すと，xが3の倍数になるのは3枚目もR_0から取り出すとき，R_1, R_2も同様．］

であるから，求める確率は

$$\frac{{}_5C_3 \times 3 + 5^3}{5 \cdot 7 \cdot 13} = \frac{10 \times 3 + 5^3}{5 \cdot 7 \cdot 13} = \frac{6 + 25}{91} = \frac{31}{91}$$

（3） 3枚の積yが3の倍数にならないのは，3枚とも3の倍数でないカードを取り出すとき．3の倍数でないカードは10枚ある［(2)のR_1, R_2］から，答えは

$$1 - \frac{{}_{10}C_3}{5 \cdot 7 \cdot 13} = 1 - \frac{10 \cdot 9 \cdot 8}{5 \cdot 7 \cdot 13 \cdot 3 \cdot 2} = 1 - \frac{3 \cdot 8}{7 \cdot 13} = \frac{67}{91}$$

（4） yが4の倍数になるのは，

偶数3枚を取り出すとき
偶数2枚と奇数1枚を取り出すとき
4, 8, 12の1枚と奇数2枚を取り出すとき

だから，取り出し方は

$$_7C_3 + {}_7C_2 \times 8 + 3 \times {}_8C_2 = 35 + 21 \times 8 + 3 \times 28$$

よって，求める確率は，

$$\frac{7(5 + 24 + 12)}{5 \cdot 7 \cdot 13} = \frac{41}{65}$$

3 （1） 例題の(1)と同様，確率を順番にかけていけばよい．

（2） ダイヤ2枚，クラブ1枚は例題前文のはずれと考える．はずれがあるとハート（スペード）が先に出やすい，ということはない．

解 （1） 1枚目にスペードを引く確率は$\frac{4}{10}$で，1枚目にスペードを引くとハートは9枚中3枚となるから，このもとで2枚目にハートを引く確率は$\frac{3}{9}$である．以下同様にして，求める確率は

$$\frac{4}{10} \times \frac{3}{9} \times \frac{2}{8} \times \frac{1}{7} = \frac{1}{210}$$

（2） スペード4枚とハート3枚の合計7枚から1枚を引くときにそれがハートである確率に等しいから，求める確率は$\frac{3}{7}$

4 例題と同様，$a \sim c$の組合せを列挙してどの目をどのサイコロに割り当てるかを考える．三角形の成立条件に注意してシラミツブシの作戦を考えよう．x, y, zが三角形の3辺の長さとなるための条件は

（ア） $|x - y| < z < x + y$
（イ） zが最大辺の1つのとき，$x + y > z$

の2つの表し方がある（もちろん同値）．

（2）は（ア）を使い，$x = y$を固定⇨zを列挙
（3）は（イ）を使い，zを固定⇨x, yを列挙

とするのがよいだろう．

解 目の出方は$6^3 = 216$通りあり，これらは同様に確からしい．

（1） $a = b = c = 1 \sim 6$の場合で6通りあるから，求める確率は，$\frac{6}{6^3} = \frac{1}{36}$

（2） x, y, zが三角形の3辺の長さとなるための条件は，$|x - y| < z < x + y$であるから，$x = y$とすれば$0 < z < 2x \cdots$① である．正三角形を除くと，

- $x = y = 1$のとき，$0 < z < 2$, $z \neq 1$よりzはない．
- $x = y = 2$のとき，$0 < z < 4$, $z \neq 2$より$z = 1, 3$
- $x = y = 3$のとき，$0 < z < 6$, $z \neq 3$より$z = 1, 2, 4, 5$
- $x = y = 4$のとき，$0 < z < 8$, $z \neq 4$で，$z \leq 6$に注意すると$z = 1, 2, 3, 5, 6$
- $x = y = 5$のとき，同様に$z = 1, 2, 3, 4, 6$
- $x = y = 6$のとき，同様に$z = 1, 2, 3, 4, 5$

a, b, cを3辺とする正三角形でない二等辺三角形が作れるとき，a, b, cの組合せは$2 + 4 + 5 + 5 + 5 = 21$通りある．

よって，異なる目が何回目に出るかを考え，$21 \times 3 = 63$通り．(1)の6通りを加え，答えは

$$\frac{63 + 6}{216} = \frac{69}{216} = \frac{23}{72}$$

（3） $0 < x < y < z$のとき，x, y, zが三角形の3辺となるための条件は$z < x + y$である．まずzを固定し，yが

大きい順に書き並べると
・$z=6$ のとき
  $(y, x)=(5, 4), (5, 3), (5, 2), (4, 3)$
・$z=5$ のとき，$(y, x)=(4, 3), (4, 2)$
・$z=4$ のとき，$(y, x)=(3, 2)$
・$z\leq 3$ のとき，(y, x) はない．

よって，a, b, c（相異なる）を3辺とする三角形が作れるとき，a, b, c の組合せは7通りある．何回目が a で何回目が b かを考えると a, b, c は全部で $7\times 3!=42$ 通りあるから，（1），（2）も合わせて

$$\frac{69+42}{216}=\frac{111}{216}=\boldsymbol{\frac{37}{72}}$$

5 （3）（4）は余事象を考える．（4）は「放送されない曲があるとすると1曲か2曲」（3曲以上が放送されないことはない）であることに着目する．特定の1曲が放送されない確率，特定の2曲が放送されない確率はそれぞれ（3），（2）で求めている．

解 5曲から3曲を選ぶ選び方は $_5C_3=10$ 通りある．

（1）A，B を含む3曲の選び方は，残りの1曲が C，D，E のいずれかなので3通りある．求める確率は
$$\boldsymbol{\frac{3}{10}}$$

（2）n 日とも C，D，E が放送される場合だから
$$\boldsymbol{\left(\frac{1}{10}\right)^n}$$

（3）余事象は「A が1度も放送されない」であり，それは n 日とも B，C，D，E のうちの3曲が放送される場合である．この確率は $\left(\frac{_4C_3}{10}\right)^n=\left(\frac{2}{5}\right)^n$ であるから，求める確率は，$\boldsymbol{1-\left(\frac{2}{5}\right)^n}$

（4）余事象は「1曲か2曲が放送されない」である．A が放送されない確率は $\left(\frac{2}{5}\right)^n$ であり，ここから「A を含む2曲が放送されない確率」…① を引けば，「A だけが放送されない確率」…② となる．

A を含む2曲は，AB，AC，AD，AE の4通りがあり，n 日間で A と B がいずれも放送されない確率は $\left(\frac{1}{10}\right)^n$…③ であったから，

①$=4\left(\frac{1}{10}\right)^n$，②$=\left(\frac{2}{5}\right)^n-4\left(\frac{1}{10}\right)^n$

特定の1曲だけが放送されない確率は②でその1曲は5通り，特定の2曲が放送されない確率は③でその2曲の組合せは $_5C_2=10$ 通りあるから，求める確率は

$$1-5\times\left\{\left(\frac{2}{5}\right)^n-4\left(\frac{1}{10}\right)^n\right\}-10\times\left(\frac{1}{10}\right)^n$$
$$=\boldsymbol{1-5\left(\frac{2}{5}\right)^n+\left(\frac{1}{10}\right)^{n-1}}$$

6 （2）は例題と同様で（すべて2以上）から（すべて3以上）を引けばよい．

（3）「すべて2～5」が前提で，
  最小値が2でない（⟺ すべて3～5）……①
  最大値が5でない（⟺ すべて2～4）……②
を引けばよいが，①と②に重複がある．ベン図を描いて考えよう．

解 （1）余事象は，「1の目が1個も出ない」であり，その確率は $\left(\frac{5}{6}\right)^n$ であるから，答えは $\boldsymbol{1-\left(\frac{5}{6}\right)^n}$

（2）最小値が2になるのは「すべて2以上」であって「すべて3以上」でない場合だから，その確率は
$$\left(\frac{5}{6}\right)^n-\left(\frac{4}{6}\right)^n=\boldsymbol{\left(\frac{5}{6}\right)^n-\left(\frac{2}{3}\right)^n}$$

（3）n 個とも2以上5以下の目が出る場合から
n 個とも3以上5以下……①
または，
n 個とも2以上4以下……②
の目が出る場合を除いたもの（右図網目部）である．

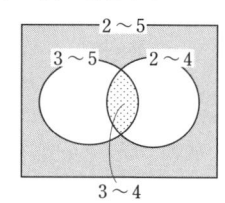

①かつ②は「n 個とも3以上4以下」であるから，①または②となる確率は，
（①の確率）＋（②の確率）－（①かつ②の確率）
$$=\left(\frac{3}{6}\right)^n+\left(\frac{3}{6}\right)^n-\left(\frac{2}{6}\right)^n$$

よって答えは
$$\left(\frac{4}{6}\right)^n-\left\{\left(\frac{3}{6}\right)^n+\left(\frac{3}{6}\right)^n-\left(\frac{2}{6}\right)^n\right\}$$
$$=\boldsymbol{\left(\frac{2}{3}\right)^n-\left(\frac{1}{2}\right)^{n-1}+\left(\frac{1}{3}\right)^n}$$

➡**注** （2）1つの目が2…※ で残りが2以上，と考えて $\frac{1}{6}\times\left(\frac{5}{6}\right)^{n-1}\times n$［$\times n$ は※がどのさいころで n 通り］とするのは誤り．2の目が2個以上出る場合が重複して数えられている．このように「あとは何でもよい」とするのはダブルカウントのもとになりやすい．ミニ講座（p.52）も参照．

7 例題の前文のように，勝つ手と勝つ人を決めると考える．

解 n 人がじゃんけんを1回したとき，k 人が残ること

を $n⇨k$ で表す．

(1) 3人で1回じゃんけんをするとき，手の出し方は $3^3=27$ 通りある．

$3⇨1$ は，勝つ手の決め方（3通り）と勝つ人の決め方（3通り）を考え，確率は $P(1)=\dfrac{3\times 3}{3^3}=\dfrac{1}{3}$

$3⇨2$ は，勝つ手が3通り，勝つ人が $_3C_2=3$ 通りなので，確率は $\dfrac{3\times 3}{3^3}=\dfrac{1}{3}$

$3⇨3$ の確率は，1から上の2つを引いて
$$1-\dfrac{1}{3}-\dfrac{1}{3}=\dfrac{1}{3}$$

$P(2)$ は，$3⇨3⇨1$ と $3⇨2⇨1$ の確率を合わせたものである．$2⇨1$ の確率は，同様に $\dfrac{3\times 2}{3^2}=\dfrac{2}{3}$，

$2⇨2$ の確率はこれの余事象で $1-\dfrac{2}{3}=\dfrac{1}{3}$ だから
$$P(2)=\dfrac{1}{3}\cdot\dfrac{1}{3}+\dfrac{1}{3}\cdot\dfrac{2}{3}=\dfrac{1+2}{9}=\dfrac{1}{3}$$

(2) (1)と同様に，$4⇨1$ の確率は，
$$Q(1)=\dfrac{3\times 4}{3^4}=\dfrac{4}{27}$$

$4⇨2$ の確率は $\dfrac{3\times {}_4C_2}{3^4}=\dfrac{3\times 6}{3^4}=\dfrac{2}{9}$

$4⇨3$ の確率は $\dfrac{3\times {}_4C_3}{3^4}=\dfrac{3\times 4}{3^4}=\dfrac{4}{27}$

より，$4⇨4$ の確率は $1-\dfrac{4}{27}-\dfrac{2}{9}-\dfrac{4}{27}=\dfrac{13}{27}$

$Q(2)$ は，$4⇨4⇨1$，$4⇨3⇨1$，$4⇨2⇨2⇨1$ の確率を合わせて

$$\dfrac{13}{27}\times\dfrac{4}{27}+\dfrac{4}{27}\times\dfrac{1}{3}+\dfrac{2}{9}\times\dfrac{2}{3}=\dfrac{52+36+108}{27\times 27}$$
$$=\dfrac{196}{729}$$

$Q(3)$ は，
(4⇨4の確率)$\times Q(2)+$(4⇨3の確率)$\times P(2)$
$\qquad+$(4⇨2⇨2⇨1の確率)

だから，
$$\dfrac{13}{27}\times\dfrac{196}{729}+\dfrac{4}{27}\times\dfrac{1}{3}+\dfrac{2}{9}\times\dfrac{1}{3}\times\dfrac{2}{3}$$
$$=\dfrac{13\times 196+4\times 243+4\times 243}{27\times 729}=\dfrac{2548+972+972}{19683}$$
$$=\dfrac{4492}{19683}$$

⇨注 あいこの確率は直接求められる．

2人…一方が後出しをすると考えて，$\dfrac{1}{3}$

3人…3人の手の出し方 3^3 通りのうち，1種類の手が出る場合が3通り，3種類の手が出る場合が $3!$ 通り，確率は $\dfrac{3+6}{3^3}=\dfrac{1}{3}$

4人…4人の手の出し方は 3^4 通りで，このうち1種類の手が出る場合が3通り，3種類の手が出る場合，2人が同じ手を出すので，この2人と手の決め方が ${}_4C_2\times 3$ 通り，残り2人の手は2通り，以上より確率は $\dfrac{3+6\times 3\times 2}{3^4}=\dfrac{13}{27}$

8 (1)(2)は反復試行．(3)は，経路の数と対応させて解くこともできる（☞別解）が，偶数回後にどこにいるか，に着目すれば数え上げでもできる．

解 (1) 10回のうち表($+1$)が5回，裏(-1)が5回出る場合なので，求める確率は
$${}_{10}C_5\times\left(\dfrac{1}{2}\right)^{10}=\dfrac{10\cdot 9\cdot 8\cdot 7\cdot 6}{5\cdot 4\cdot 3\cdot 2\cdot 2^{10}}=\dfrac{9\cdot 7}{2^8}=\dfrac{63}{256}$$

(2) 最初の4回で表と裏が2回ずつ，次の6回で表と裏が3回ずつ出る場合なので，求める確率は
$${}_4C_2\times\left(\dfrac{1}{2}\right)^4\times {}_6C_3\times\left(\dfrac{1}{2}\right)^6=\dfrac{6\cdot 20}{2^4\cdot 2^6}=\dfrac{3\cdot 5}{2^7}=\dfrac{15}{128}$$

(3) n 回後に点Pが数直線上の k の位置にいるとする．$n+2$ 回後に点Pが $k-2$ の位置にいる確率は $\dfrac{1}{4}$，$k+2$ の位置にいる確率は $\dfrac{1}{4}$，k の位置にいる確率は $\dfrac{1}{2}$ である．まず，1～9回後にPが数直線上の正の部分にいる（10回目に初めてOにもどる）場合を考える．2回後と8回後は2にいることに注意し，偶数回後のPの位置を調べると下のようになる．

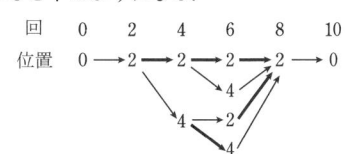

```
回     0    2    4    6    8    10
位置   0 →  2 →  2 →  2 →  2 →  0
              ↘  4    2  ↗
                 ↘  4  ↗
                    4
```

⟶ は確率 $\dfrac{1}{4}$，→ は確率 $\dfrac{1}{2}$ なので，Pが正の部分を動くときの確率は

$$\dfrac{1}{4}\times\left(\dfrac{1}{2}\cdot\dfrac{1}{2}\cdot\dfrac{1}{2}+\dfrac{1}{2}\cdot\dfrac{1}{4}\cdot\dfrac{1}{4}+\dfrac{1}{4}\cdot\dfrac{1}{2}\cdot\dfrac{1}{4}\right.$$
$$\left.+\dfrac{1}{4}\cdot\dfrac{1}{2}\cdot\dfrac{1}{4}\right)\times\dfrac{1}{4}$$
$$=\dfrac{1}{4}\cdot\dfrac{4+1+1+1}{4\cdot 4\cdot 2}\cdot\dfrac{1}{4}=\dfrac{7}{2^9}$$

Pが負の部分を動く場合も同じ確率なので，答えは
$$\dfrac{7}{2^9}\times 2=\dfrac{7}{256}$$

別解 Pが正の部分を動くときに，表裏の出方が何通りあるかを調べると，経路の数と同様に求められ，下のようになる．

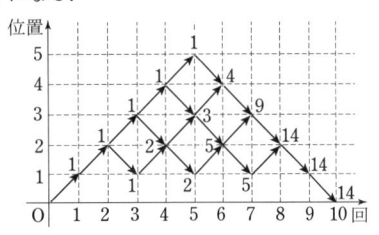

負の部分を動くときも同数あるので，答えは
$$2\times\frac{14}{2^{10}}=\frac{\mathbf{7}}{\mathbf{256}}$$

⑨ 例題と同様，書きこみ方式で解いてみる．図の対称性を考えると，PがCに到達する確率とQがE（下図のE）に到達する確率は等しい．（1）は別解も参照．

解 （1）Pが各地点に到達する確率を書きこんでいくと図のようになる．

PがCに到達する確率は $\frac{4}{16}$ で，図の対称性からQがCに到達する確率はPがEに到達する確率に等しく，$\frac{6}{16}$

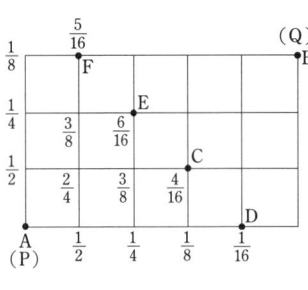

よって，答えは $\frac{4}{16}\times\frac{6}{16}=\frac{\mathbf{3}}{\mathbf{32}}$

（2）2人が出会うのはともに4区画移動した点であるから，図のC，D，E，Fのいずれかであり，図の対称性より

(Eで出会う確率)＝(Cで出会う確率) ……①
(Fで出会う確率)＝(Dで出会う確率) ……②

である．①は（1）で求めた．

Dで出会う確率は，PがDに到達する確率が $\frac{1}{16}$，QがDに到達する確率が $\frac{5}{16}$（＝PがFに到達する確率）なので $\frac{1}{16}\times\frac{5}{16}$

（1）と合わせて，答えは
$$\left(\frac{4}{16}\cdot\frac{6}{16}+\frac{1}{16}\cdot\frac{5}{16}\right)\times 2=\frac{\mathbf{29}}{\mathbf{128}}$$

別解 （1）PがCに到達する確率：AからCへの最短経路は4通りある．このうちの1つの経路が選ばれる確率は，経路上のどの交差点（Aを含む4か所）でも2通りの進み方があることから，$\frac{1}{2^4}$．よってPがCに到達する確率は $\frac{4}{2^4}=\frac{4}{16}$

同様に，PがEに到達する確率は $\frac{{}_4C_2}{2^4}=\frac{6}{16}$ であり，QがCに到達する確率もこれに等しい．

従って，求める確率は $\frac{4}{16}\times\frac{6}{16}=\frac{\mathbf{3}}{\mathbf{32}}$

⇒注 上側と右側のカベでは1通りしか進み方がないため，例えばPがFに到達する確率は（経路4通りに対して $4/2^4$ ではなく）解答のように $5/16$ となる．
従って，経路の数を分母にするのに誤り．

誤答例1：Aから4区画移動後のF，E，C，Dに至る経路はそれぞれ4通り，6通り，4通り，1通りなので，Cに到達する確率は $4/(4+6+4+1)=4/15$

誤答例2：AからBへ至る経路は ${}_8C_3=56$ 通りあり，このうちCを通るものは $4\times 6=24$ 通りあるから，Cに至る確率は $24/56=3/7$

⑩ $p(n)$ は，$n-1$ 回までに当たりが2回（はずれが $n-3$ 回）出て n 回目に当たりが出る確率．（3）は例題と同様，$\frac{p(n+1)}{p(n)}$ と1の大小を比較して増加する n の範囲を求める．

解 くじを1本引いたとき，当たりが出る確率は $\frac{2}{5}$ である．

（1）${}_5C_2\times\left(\frac{2}{5}\right)^2\left(\frac{3}{5}\right)^3=10\cdot\frac{2^2\cdot 3^3}{5^5}=\frac{2^3\cdot 3^3}{5^4}=\frac{\mathbf{216}}{\mathbf{625}}$

（2）ちょうど n 回目で終わるのは，$n-1$ 回目までに当たりが2回（はずれが $n-3$ 回）出て n 回目に当たりが出る場合だから，

$$p(n)={}_{n-1}C_2\left(\frac{2}{5}\right)^2\left(\frac{3}{5}\right)^{n-3}\cdot\frac{2}{5}$$
$$=\frac{(n-1)(n-2)}{2}\cdot\frac{2^3\cdot 3^{n-3}}{5^n}$$
$$=\frac{\mathbf{4(n-1)(n-2)\cdot 3^{n-3}}}{\mathbf{5^n}}$$

（3）$\frac{p(n+1)}{p(n)}$
$$=\frac{4n(n-1)\cdot 3^{n-2}}{5^{n+1}}\cdot\frac{5^n}{4(n-1)(n-2)\cdot 3^{n-3}}$$
$$=\frac{3n}{5(n-2)}$$

より，
$$p(n)\leqq p(n+1) \Longleftrightarrow \frac{p(n+1)}{p(n)}=\frac{3n}{5(n-2)}\geqq 1$$

$\Leftrightarrow 3n \geq 5(n-2) \Leftrightarrow n \leq 5$

[等号は $n=5$ で成立]

従って,

$n \leq 4$ のとき $p(n) < p(n+1)$,
$n = 5$ のとき $p(n) = p(n+1)$,
$n \geq 6$ のとき $p(n) > p(n+1)$

すなわち

$p(3) < p(4) < p(5) = p(6) > p(7) > \cdots$

となり, 答えは $\boldsymbol{n=5, 6}$

11 条件つき確率の公式を用いて計算する. 3回目までに取り出す玉の色の順列を書き出していけばよい.

解 2回目までに少なくとも1回は赤玉が取り出される事象を A, 3回目に赤玉が取り出される事象を B とする.

A の余事象は「1回目, 2回目とも白玉を取り出す」であるから,

$$P(A) = 1 - \frac{5}{8} \cdot \frac{5}{8} = \frac{39}{64}$$

また, $A \cap B$ となるのは, 取り出す玉の色が

赤赤赤, 赤白赤, 白赤赤

のいずれかのときであるから,

$$P(A \cap B) = \frac{3}{8} \cdot \frac{2}{8} \cdot \frac{1}{8} + \frac{3}{8} \cdot \frac{6}{8} \cdot \frac{2}{8} + \frac{5}{8} \cdot \frac{3}{8} \cdot \frac{2}{8}$$

$$= \frac{6+36+30}{8^3} = \frac{72}{8^3} = \frac{9}{64}$$

よって, 求める確率は

$$P_A(B) = \frac{P(A \cap B)}{P(A)} = \frac{9}{64} \div \frac{39}{64} = \boldsymbol{\frac{3}{13}}$$

12 「A : 先にとり出した5枚が100円3枚と10円2枚で, B : 後でとり出した1枚が10円」の確率のように, 時間順に計算した確率をもとにして求めるのは例題と同じ.

図も参考にしよう.

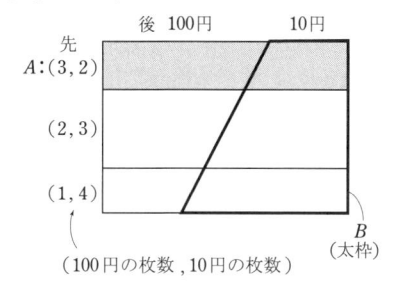

解 先にとり出した5枚の100円の枚数, 10円の枚数の組は $(3, 2), (2, 3), (1, 4)$ の3通りがあり, このうち $(3, 2)$ となる事象を A とする. また, 後でとり出した1枚が10円である事象を B とする.

A が起こる確率は [右ポケットの7枚すべてを区別して]

$$\frac{{}_3C_3 \times {}_4C_2}{{}_7C_5} = \frac{{}_4C_2}{{}_7C_2} = \frac{6}{21} = \frac{2}{7}$$

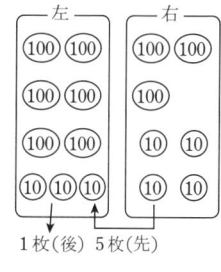

このとき左ポケットには全部で14枚の硬貨がありそのうち10円は5枚 (以下, [5枚/14枚]と略記) だから, A のもとで B が起こる確率は $\frac{5}{14}$ である. 従って,

$$P(A \cap B) = \frac{2}{7} \cdot \frac{5}{14} = \frac{10}{98} = \frac{5}{49}$$

同様に $(2, 3)$ が起こる確率は $\frac{3 \times 4}{{}_7C_5} = \frac{12}{21} = \frac{4}{7}$, このもと [6枚/14枚] で B が起こる確率は $\frac{6}{14}$

$(1, 4)$ が起こる確率は $\frac{3 \times 1}{{}_7C_5} = \frac{3}{21} = \frac{1}{7}$, このもと [7枚/14枚] で B が起こる確率は $\frac{7}{14}$

よって,

$$P(B) = \frac{2}{7} \cdot \frac{5}{14} + \frac{4}{7} \cdot \frac{6}{14} + \frac{1}{7} \cdot \frac{7}{14}$$

$$= \frac{10+24+7}{98} = \frac{41}{98}$$

従って,

$$P_B(A) = \frac{P(B \cap A)}{P(B)} = \frac{P(A \cap B)}{P(B)}$$

$$= \frac{10}{98} \div \frac{41}{98} = \boldsymbol{\frac{10}{41}}$$

ミニ講座・3
ダブルカウントに注意

○**2の演習題(4)**
　1から15までの整数が1つずつ書いてある15枚のカードから3枚を抜きとるとき，その3枚に書いてある数の積が4の倍数である確率を求めよ．

　ここでは，この問題の別解や注意点を述べていきます．
　以下，確率の分母は $_{15}C_3=5\cdot 7\cdot 13$ 通り（15枚から3枚を選ぶ組合せ；計算は解答を参照）で共通です．このうちの何通りが条件を満たすかを考えます．

　まず別解を紹介しましょう．
別解　4の倍数にならない取り出し方の総数を求める．
4の倍数にならないのは，
　　奇数3枚を取り出すとき
　　奇数2枚と2，6，10，14の1枚を取り出すとき
である．
奇数は8枚あることに注意すると，取り出し方は
$$_8C_3+{_8C_2}\times 4=\frac{8\cdot 7\cdot 6}{3\cdot 2}+\frac{8\cdot 7}{2}\times 4=8\cdot 7(1+2)$$
よって，求める確率は
$$1-\frac{8\cdot 7\cdot 3}{5\cdot 7\cdot 13}=1-\frac{24}{65}=\boldsymbol{\frac{41}{65}}$$

　　　＊　　　　　　　＊
　この問題は，うまい言いかえをすると一発で解ける，ということはなくタイプ分けが必要です．そして，タイプ分けの原則は
　　重複がなく（排反で）すべての場合を
　　尽くしている
ですが，そのようなタイプ分けをするためのコツのひとつに
　　何かの基準に従って分ける
があります．
　この例で説明しましょう．解答では，積が4の倍数になる取り出し方を
（ⅰ）　偶数3枚
（ⅱ）　偶数2枚と奇数1枚
（ⅲ）　4，8，12の1枚と奇数2枚

の3つに分類していますが，これは偶数の枚数を基準にしているので重複はありません．詳しく言えば，(ⅰ)と(ⅱ)と(ⅲ)では偶数の枚数が違うから同じ取り出し方がこの中の2つに入ってしまうことはない，となります．また，偶数0枚のときは4の倍数にならないのでこれですべての場合を尽くしています．
　別解も同様で，奇数の枚数で分けています（奇数が1枚以下なら偶数は2枚以上で4の倍数）．

　それでは，ダメな例を紹介します．
　解答の(ⅰ)と(ⅱ)を一緒にすると
　　偶数が2枚以上
ですが，これを
　　偶数2枚と，残り1枚は何でもよい
としてみましょう．そうすると，
　　偶数7枚から2枚を選ぶ … $_7C_2$ 通り
　　上で選ばれた2枚を除く13枚から1枚を選ぶ
となって，
$$_7C_2\times 13=\frac{7\cdot 6}{2}\times 13=21\times 13=273（通り）$$
となります．正解は $35+21\times 8$ [解答参照] $=203$ 通りですから，多く勘定されてしまっているわけです．
　その原因は「残り1枚は何でもよい」としたところにあります．例で考えてみましょう．
　2，6，8の3枚を取り出す，としてみます．これは，上の数え方では
　　偶数2枚が2，6；残り1枚が8
　　偶数2枚が2，8；残り1枚が6
　　偶数2枚が6，8；残り1枚が2
の3通りに数えられています．取り出された3枚のうちのどの2枚が「偶数2枚」であるかが判別できないためにこのようなダブルカウントが生じてしまう，ということです．
　これと同じ理由で，別解で
　　奇数2枚と，「2，6，10，14および先の2枚以外の
　　奇数6枚（合計10枚）」のうちの1枚
とする（$_8C_2\times 10$ 通り）のも誤りです［奇数3枚の場合をダブルカウント］．

　ダブルカウントをしないためには，排反なタイプ分けをすることの他に，上で述べたようなことにも注意する必要があります．「残りは何でもよい」がいつもダメというわけではありませんが，ダブルカウントの原因になりやすいことを頭に入れておくとよいでしょう．

ミニ講座・4 カタラン数

○8の演習題（3）の別解の図（下の図1）を回転（＋裏返し）して，矢印が座標軸に平行になるようにしてみましょう（図2；さらに平行移動して図3）．

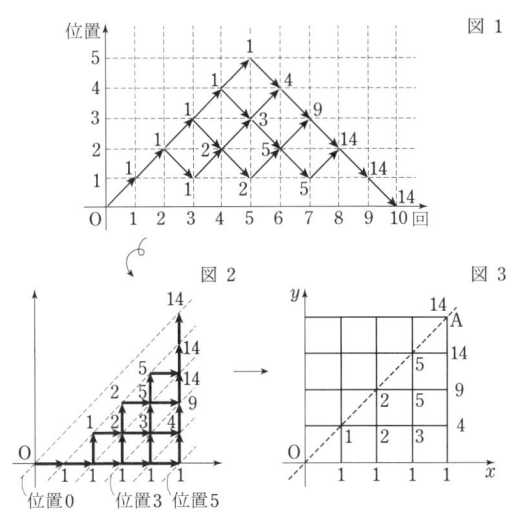

この問題は，図3でO(0, 0)とA(4, 4)を結ぶ最短経路のうち，常にOA（直線$y=x$）の下側にあるものの個数を求める問題と実質的に同じであったことがわかります．その個数［一般には，Oと(n, n)を結ぶ最短経路のうち，常に直線$y=x$の下側にあるもの］は，カタラン数と呼ばれていて，確率の問題としては次のタイプが有名です．

ある会の会費は千円である．この会に$2n$人が参加したが，千円札を持っているのはn人で，残りのn人は二千円札しか持っていない．いま，この$2n$人を一列に並べて順に集金することにした．二千円札しか持っていないn人すべてにそれまでに集めた千円札でおつりを渡すことができる確率を求めよ．

経路との対応は，並んだ順に（前から）
- 千円札を持っている人…x軸方向に $+1(\rightarrow)$
- 二千円札しか持っていない人…y軸方向に $+1(\uparrow)$

で，条件（二千円札しか持っていないn人すべてにそれまでに集めた千円札でおつりを渡すことができる）と「常に直線$y=x$の下側」が対応していることはすぐに理解できるでしょう．

nが具体的で小さいときは図3のような書きこみ方式が有力ですが，ここではうまい数え方を紹介することにしましょう．

OからAへの最短経路は${}_{2n}C_n$通りありますが，このうち条件を満たさないものを数えます．

OからAへの最短経路のうち，条件を満たさないものを一つもってきます（図4の太線）．これをRとします．Rは条件を満たさない，つまりOAの上側に出るので，Rは直線$y=x+1$（図4のl）と交わります．

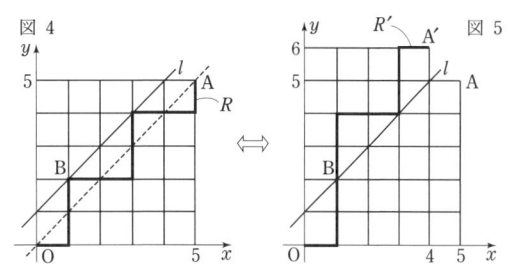

lとRの交点のうち，Oに最も近い点をBとして，RのうちのBからAの部分をlに関して折り返したものをR'とします（図5）．Aをlに関して折り返した点はA'$(n-1, n+1)$ですから，R'はOからA'への最短経路になっています．逆に，OからA'への最短経路R'をもってくると，R'はlと交わるので，（Oから見て）最初に交わった点をBとして，BからA'の部分をlに関して折り返すとR（OからAへの最短経路のうち条件を満たさないもの）が得られます．2回折り返すと元に戻る（$R \to R' \to R$）ので，RとR'は1対1の対応になっています（最初にlと交わる点Bから先を折り返すのがポイントです）．

そこで，R'の個数を数えましょう．R'はOから$(n-1, n+1)$への最短経路なので，${}_{2n}C_{n-1}$個あります．よって，Rも${}_{2n}C_{n-1}$個あり，条件を満たす経路の数は

$${}_{2n}C_n - {}_{2n}C_{n-1} = \frac{(2n)!}{n!\,n!} - \frac{(2n)!}{(n-1)!\,(n+1)!}$$

$$= (2n)! \cdot \frac{(n+1)-n}{n!\,(n+1)!} = \frac{(2n)!}{n!\,(n+1)!}$$

$$= \frac{(2n)!}{n!\,n!\,(n+1)} = \frac{{}_{2n}C_n}{n+1}$$

となります．

以上より，求める確率は

$$\frac{1}{{}_{2n}C_n} \cdot \frac{{}_{2n}C_n}{n+1} = \boldsymbol{\frac{1}{n+1}}$$

です．

コラム
速決ジャンケン

小社発行の「解法の探求・確率」の発展編3にいろいろなジャンケンの話があります．その一部を紹介しましょう．

ジャンケンは，ものごとを公平に決める手段として，なんの道具もいらず，じつに手軽な方法ですが，

　　　大勢だと，なかなか勝負がつかない

という欠点があります．勝負がつくとは，(1人の勝者が決まるということではなくて，)アイコにならない，すなわち2種類の手が出ることだとすると，

$$n \text{ 人で勝負がつく確率は } \frac{3(2^n-2)}{3^n}$$

で，これは，たとえば20人だと約 0.001 であり，平均して1000回も「アイコでショ」の合唱をしなければなりません．これでは遊ぶ時間がなくなってしまいます．

このジャンケンの欠点を解消するために，次のような新ルールジャンケンを考察してみました．

● ルール ●

各人は，
　　指0本，指1本，指2本のどれか
の手を出す(0本はグーの形で，2本はチョキの形)．そして，出した指の総数を3で割った余りを r として，'指 r 本'の手を出した人を勝ちとする．

たとえば3人でおこなうとき，1本，2本，2本の手が出されたとすると，指の総数は5本で，これを3で割った余りは2なので，指2本の手を出した2人を勝者とするわけです．

このルールのジャンケンについていろいろと調べてみましょう．

○2人の場合

このジャンケンは2人では決着がつきません．

というのは，指0本を出すと絶対に勝つことができない(アイコか負け)ので，2人は1本か2本を出すことになり，1本と1本，1本と2本，2本と2本のどの場合もアイコになってしまうからです．

もともと，このジャンケンは大勢の場合を前提にしているので，以下，3人以上だとして話をすすめます．

○勝負がつく確率

大勢だと3種類の手がそろいやすくなります．そして普通のジャンケンでは3種類はアイコであるのに対し，このジャンケンだと必ず勝負がつきます．これが，このジャンケンのミソです．

n 人が無作為に手を出すものとすると，n 人の手の出し方は 3^n 通りあって，そのうちに

　　1種類のもの…3 通り
　　2種類のもの…$3(2^n-2)$ 通り

なので，3種類の手がそろう確率を p_n とすると

$$p_n = 1 - \frac{3+3(2^n-2)}{3^n} = 1 - \frac{2^n-1}{3^{n-1}}$$

p_n 以上の確率で勝負がつきますが，p_n は n が大きいほど大きくなるので，10人以上だと

　　$p_{10} \fallingdotseq 0.948$ 以上の確率で勝負がつく

ことになります．ちなみに3人の場合でも，普通のジャンケンと同じ確率($2/3$)で勝負がつきます．

○どの手も対等か

4人の場合で考えてみましょう．4人を A，B，C，D とし，4人の手がたとえば A は0本，B は1本，C は2本，D は1本であることを順列(0121)で表すことにし，このとき指1本が勝ちなので，勝負の結果を(×○×○)で表すことにします．

いま，$0 \Rightarrow 1$，$1 \Rightarrow 2$，$2 \Rightarrow 0$ と変更することによって，(0121)を次々と変えていくと

$$(0121) \Rightarrow (1202) \Rightarrow (2010)$$

となり，次に元の(0121)に戻ります．ところがこのように変化させても，(×○×○)のほうは変化しません．

この'変化なし'は，4人のどのような順列($abcd$)についてもいえます．(各自理由を考えよ)

したがって，3^4 通りをこのような3つずつを組にして考えると，たとえば A 君が0本で勝つ場合が k 通りあるとすると，1本，2本も k 通りずつあることになるので，どの手も対等です．

一般に，$3n+1$ の場合は対等で，他の場合は対等ではありませんが，無視できる程度の差しかありません．

編集部の7人で，このジャンケンを32回おこなってみたところ，普通のジャンケンとほぼ同じ速さでジャッジが出来，アイコは2回にすぎませんでした．普及させる価値は十分にあると思っているのですが，……．

整数

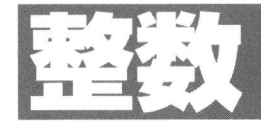

- 要点の整理 … 56
- 例題と演習題
  - 1 素因数分解 … 60
  - 2 最大公約数・最小公倍数 … 61
  - 3 約数の個数・総和 … 62
  - 4 倍数の個数 … 63
  - 5 $n!$ が p で何回割れるか … 64
  - 6 不定方程式／因数分解型 … 65
  - 7 不定方程式／平方完成(判別式)型 … 66
  - 8 不定方程式／3文字 … 67
  - 9 不定方程式／範囲をしぼる … 68
  - 10 合同式の活用 … 69
  - 11 剰余による分類 … 70
  - 12 連続3整数の積 … 71
  - 13 互除法 … 72
  - 14 $ax+by=c$ … 73
  - 15 中国剰余定理 … 74
  - 16 有理数・無理数 … 75
  - 17 n 進法 … 76
  - 18 ガウス記号 … 77
- 演習題の解答 … 78
- ミニ講座・5 整数値をとる多項式 … 87
- ミニ講座・6 とことん $ax+by=c$ … 88
- ミニ講座・7 大小設定のナゾ … 90
- 超ミニ講座 $_nC_r$ がらみの話 … 86
- 超ミニ講座 部屋割り論法 … 86

整数
要点の整理

1. 整数の基本

1・1 約数, 倍数

a, b を整数とする. ある整数 k を用いて
$$a = kb$$
と書けるとき, b は a の **約数**, a は b の **倍数** という. また, このとき a は b で割り切れるという. 0 はあらゆる整数の倍数（0 の約数はすべての整数）, ±1 はあらゆる整数の約数（どんな整数も ±1 の倍数）である.

約数・倍数といったときは, 通常, 負の整数や 0 も含める. 例えば, 10 の約数は -10, -5, -2, -1, 1, 2, 5, 10 の 8 個, 7 の倍数は $\cdots$, -14, -7, 0, 7, 14, $\cdots$ である.

1・2 素数

2 以上の整数であって, 1 と自分自身以外に正の約数をもたないものを **素数** という.

1・3 素因数分解

自然数をいくつかの素数の積で表すことを **素因数分解** するという. 素因数分解のしかたは, あらわれる素数（**素因数** という）の順番の違いを無視すれば 1 通りしかない. これを素因数分解の一意性という.

素因数分解した結果は, $240 = 2^4 \times 3 \times 5$ のように同じ素数をベキの形にまとめ, さらに素数を小さい順に並べて表すことが多い.

2. 約数・倍数

2・1 約数の個数と総和

例えば, $72 = 2^3 \cdot 3^2$ の正の約数は
$$2^m \cdot 3^n \quad (m=0, 1, 2, 3 \,;\, n=0, 1, 2)$$
の形で表せる. m, n の組を 1 つ決めるごとに約数が 1 つ決まるから, 約数の個数は m, n の組の個数と等しい. m は 4 通り, n は 3 通りの値をとる（独立に動ける）ので, 約数は $4 \times 3 = 12$ 個ある.

これら 12 個の約数の総和は
$$(2^0 + 2^1 + 2^2 + 2^3)(3^0 + 3^1 + 3^2) \quad \cdots\cdots\cdots ①$$
で計算ができる. ① を文字式と思って展開すると, 72 の約数が 1 個ずつあらわれる $[2^i \cdot 3^j$ は $(\cdots + 2^i + \cdots)(\cdots + 3^j + \cdots)$ の積として出てくる]からである. ① を計算すると,
$$(1+2+4+8) \times (1+3+9) = 15 \times 13 = 195$$
となる.

なお, 約数の個数や総和を問題にしているときは, 正の約数の意味で約数と書くことがある. 特に断りがなくても負の約数は約数の個数や総和に含めない.

一般に, 自然数 N が $N = p^a q^b r^c \cdots$ と素因数分解される（p, q, r, $\cdots$ は相異なる素数 ; a, b, c, $\cdots$ は自然数）とき,

N の約数の個数は $(a+1)(b+1)(c+1)\cdots$
N の約数の総和は
$$(p^0 + p^1 + \cdots + p^a)(q^0 + q^1 + \cdots + q^b)$$
$$\times (r^0 + r^1 + \cdots + r^c) \times \cdots$$

2・2 公約数・公倍数

m, n を整数とする.

m, n に共通の約数（m の約数でも n の約数でもある数）を m, n の **公約数** といい, 公約数のうちで最大のものを **最大公約数** という.

m, n に共通の倍数を m, n の **公倍数** といい, 正の公倍数のうち最小のものを **最小公倍数** という.

3 個以上の整数についても同様で, すべてに共通の約数を公約数, 公約数のうちで最大のものを最大公約数, すべてに共通の倍数を公倍数, 正の公倍数のうちで最小のものを最小公倍数という.

ただし, $m = n = 0$ のときは最大公約数, 最小公倍数とも定義されない. $m = 0$, $n \neq 0$ のとき, 0 と n の最大公約数は $|n|$ で最小公倍数は定義されない.

m, n のすべての公約数は最大公約数の約数であり, すべての公倍数は最小公倍数の倍数である（3 つ以上の整数についても同様）.

例えば, $m = 2^3 \cdot 3^2 \cdot 5$, $n = 2^2 \cdot 3^3 \cdot 7$ とすると, m と n の最大公約数は $2^2 \cdot 3^2$（各素数について指数の小さい方を採用）, 最小公倍数は $2^3 \cdot 3^3 \cdot 5 \cdot 7$（各素数について指数の大きい方を採用）である.

2・3 ユークリッドの互除法

ここでは，整数 m, n の最大公約数を (m, n) で表す．A, B を自然数，k を整数とするとき，
$$(A, B) = (B, A - kB)$$
が成り立つ（証明は p.88 のミニ講座）．上式で $A > B$，k を「A を B で割った商」とすれば $A - kB$ は「A を B で割った余り」であり，これを R とおくと
$$(A, B) = (B, R)$$
となる．この式を順次用いる，すなわち
   （割る数，余り）を次の
   （割られる数，割る数）に置き換える操作
を繰り返すと，どこかで $R=0$ になって（1 回の操作で R は必ず減るから）そのときの割る数が元の A, B の最大公約数となる［$(B, 0) = B$ に注意］．

これをユークリッドの互除法という．具体例は p.72．

2・4 互いに素

整数 a, b の最大公約数が 1 であるとき（すなわち，a, b が共通の素因数をもたないとき），a と b は**互いに素**であるという．

例えば，p を素数，b を p の倍数でない整数とすれば p と b は互いに素であるが，a と b が互いに素であっても一方が素数とは限らない．8 と 15 は互いに素である．

a と b が互いに素で m と n が整数のとき
（1）n が ab の倍数
　　　　$\iff n$ は a でも b でも割り切れる
（2）$am = bn$
　　　　$\implies m$ は b の倍数で，n は a の倍数
が成り立つ．

（1）を用いると，例えば（ある数が）15 の倍数であることを示したければ「3 の倍数かつ 5 の倍数」を示せばよい．なお，(1) の $\implies$ は a と b が互いに素でなくても成り立つが，$\impliedby$ は a と b が互いに素でないと成り立たない．反例として $a=6, b=4, n=12$ がある．

（2）は，言いかえれば「a と b が互いに素で am が b の倍数であれば，m は b の倍数である」となる．

2・5 最大公約数と最小公倍数

正の整数 m, n の最大公約数を G，最小公倍数を L とする．G は m, n の公約数だから，整数 m', n' を用いて
$$m = m'G, \quad n = n'G$$
と書けるが，G は最大公約数だから m' と n' は互いに素である．このとき，
$$L = m'n'G$$
である［L は m の倍数だから $L = km'G$（k は整数）と書け，L は $n'G$ の倍数でもあるから km' は n' の倍数である．2・4 の (2) を使うと，k は n' の倍数だから最小の k は n'］．

これより，$mn = LG (= m'n'G^2)$ が導かれる．

3. 剰余と合同式

3・1 剰余（余り）とは

a, b を自然数とするとき，
$$a = qb + r, \quad 0 \leq r \leq b - 1$$
を満たす整数 q, r がただ 1 組存在する．この r を「a を b で割った余り」という．ここでは a を自然数としたが，a を整数にしても同じことが成り立つ．例えば $b = 5$ とすると，
$$-14 = (-3) \times 5 + 1, \quad -2 = (-1) \times 5 + 3$$
より，$-14, -2$ を 5 で割った余りはそれぞれ 1, 3 となる．割られる数 a が整数の場合でも，余りは 0 以上と定める．なお，通常，b は 2 以上である．

3・2 合同式とその性質

整数 x, y について，x, y を 5 で割った余りはそれぞれ 2, 4 であるとする．このとき，$x + y, xy$ を 5 で割った余りが決まるかどうかを考えてみよう．

k, l を整数として $x = 5k + 2, y = 5l + 4$ と書けるから，
$$x + y = (5k + 2) + (5l + 4) = 5(k + l) + 6$$
$$= 5(k + l + 1) + 1$$
$$xy = (5k + 2)(5l + 4) = 5k \cdot 5l + 5k \cdot 4 + 5l \cdot 2 + 8$$
$$= 5(5kl + 4k + 2l + 1) + 3$$
となって，余りはそれぞれ 1, 3 と決まる．

この計算を見ると，5 の倍数（$5k, 5l$）が関係する項は

5で割った余りに関与しないことがわかるだろう．
$$(x+y を 5 で割った余り)$$
$$=(2+4 を 5 で割った余り)=1$$
$$(xy を 5 で割った余り)$$
$$=(2\cdot 4 を 5 で割った余り)=3$$
のように，余りだけ計算してよい．

余りの計算は，合同式を使うと見通しよくできる．

一般に，a と b を整数，m を自然数（通常2以上）とする．$a-b$ が m の倍数である（つまり，a を m で割った余りと b を m で割った余りが等しい）ことを
$$a \equiv b \pmod{m}$$
と書き，「a と b は m を法として合同である」という．この式を普通の等式で書くと $a=km+b$（k は整数）となるが，m で割った余りに関与しない km の項を省略するかわりに $(\bmod\, m)$ と書いている．

合同式の性質

$a \equiv b \pmod{m}$，$c \equiv d \pmod{m}$ のとき，
(ⅰ) $a+c \equiv b+d \pmod{m}$
(ⅱ) $a-c \equiv b-d \pmod{m}$
(ⅲ) $ac \equiv bd \pmod{m}$
(ⅳ) 自然数 n に対して $a^n \equiv b^n \pmod{m}$

(ⅳ)は，$c=a$，$d=b$ として(ⅲ)を繰り返し用いると証明できる．

2^{100} を9で割った余りを求めてみよう．
$2^3=8 \equiv -1 \pmod{9}$ に着目すると，
$$2^{100}=(2^3)^{33}\cdot 2 \equiv (-1)^{33}\cdot 2 \equiv -2 \equiv 7 \pmod{9}$$
となって余り7が求められる．

「余り」と表現するときは0以上 $m-1$ 以下のものを指すが，合同式を使う上では「a を m で割った余りが b」（つまり b が0以上 $m-1$ 以下）である必要はない．通常の余りにこだわらず，b が負（特に -1）の式も活用しよう．

なお，上の性質は，$\bmod\, m$ の部分（法 m）が共通でないと成り立たない．

3・3 剰余による分類

「$m^2=5n+3$ を満たす整数 m, n は存在するか」という問題を考えてみよう．右辺 $5n+3$ を5で割った余りは3であるから，「$m^2 \equiv 3 \pmod{5}$ となることがあるか」と同じ問題である．これは，m を5で割った余りで分類して

- $m \equiv 0 \pmod{5}$ のとき $m^2 \equiv 0 \pmod{5}$
- $m \equiv 1 \pmod{5}$ のとき $m^2 \equiv 1 \pmod{5}$
- $m \equiv 2 \pmod{5}$ のとき $m^2 \equiv 4 \pmod{5}$
- $m \equiv 3 \pmod{5}$ のとき $m^2 \equiv 9 \equiv 4 \pmod{5}$
- $m \equiv 4 \pmod{5}$ のとき $m^2 \equiv 16 \equiv 1 \pmod{5}$

とすれば結論は「ない」であることがわかる．5で割った余りは0~4の5つしかないから，これですべての整数 m に対して考えたことになる．

なお，$3 \equiv -2 \pmod{5}$，$4 \equiv -1 \pmod{5}$ であるから，0~4のかわりに $m \equiv -2, -1, 0, 1, 2$ と分類してもよく，こちらの方が計算が簡単になることが多い．

3・4 倍数判定法

- n が3の倍数 $\iff$ n の各桁の和が3の倍数
- n が9の倍数 $\iff$ n の各桁の和が9の倍数

[上の2つは $n-($n$ の各桁の和$)$ が9の倍数になることから]

- n が4の倍数 $\iff$ n の下2桁が4の倍数

[100は4の倍数だから]

4．実数

実数は，符号，0~9の数字と小数点を用いて123.04のように表す．整数部分（この例では123）の桁数は有限で，小数部分（小数点以下）の桁数は有限でも無限でもよい．

このうち，$\dfrac{n}{m}$（m, n は整数で $m \neq 0$）と表せる数を**有理数**という．整数は有理数である．有理数でない実数を**無理数**という．

実数 { 有理数 { 有限小数（整数を含む）
　　　　　　　 循環小数
　　　　　 無理数（循環しない無限小数）

有理数 $\dfrac{n}{m}$（ただし m と n は互いに素）が有限小数（小数点以下の桁数が有限）で表されるための条件は「m の素因数分解に 2, 5 以外の素因数があらわれない」ことである．有限小数で表されない有理数は，小数点以下のある位から繰り返しがあらわれる．例えば

$$\dfrac{3}{37}=0.081081\cdots,\quad \dfrac{1}{22}=0.04545\cdots$$

(081, 45 がそれぞれ繰り返される）で，繰り返される数字の最初と最後の上に・印をつけて

$$\dfrac{3}{37}=0.\dot{0}8\dot{1},\quad \dfrac{1}{22}=0.04\dot{5}$$

と表す．

5. n 進法

十進法で表された 123.04 は

$$1\times 10^2+2\times 10^1+3\times 10^0+0\times 10^{-1}+4\times 10^{-2}$$

を表す．10 ずつで位が 1 つ上がる記数法であるが，n ずつ（n は 2 以上の自然数）で位が上がるように実数を表すこともできる（n **進法**）．実数 A を n 進法で表すとは，

$$A=a_k n^k+a_{k-1}n^{k-1}+\cdots+a_1 n^1+a_0 n^0 \\ +b_1 n^{-1}+b_2 n^{-2}+\cdots$$

の形に表すことであり，十進法で使う数字 0～9 に相当する a_k, …, a_0, b_1, … はいずれも，0 以上 $n-1$ 以下の整数である．十進法と同様，係数を並べて

$$A=a_k a_{k-1}\cdots a_1 a_0.b_1 b_2\cdots_{(n)}$$

と書く．

例えば，十進法の 100 を三進法で表すと，

$$100=1\times 3^4+0\times 3^3+2\times 3^2+0\times 3^1+1\times 3^0$$

より $10201_{(3)}$ となる．

6. よく使う記号や考え方

6・1 ガウス記号

実数 x に対し，x 以下の最大の整数を $[x]$ で表す．これはガウス記号と呼ばれることが多い．

整数 n と実数 x が $n\leq x<n+1$ を満たすならば $[x]=n$ である．また，不等式 $x-1<[x]\leq x$ が成り立つ．

6・2 $n!$ が p で何回割れるか

n を自然数，p を素数とする．$n!$ を素因数分解したときの p の指数は

$$\left[\dfrac{n}{p}\right]+\left[\dfrac{n}{p^2}\right]+\left[\dfrac{n}{p^3}\right]+\cdots$$

である．（☞ ○5）

6・3 不等式で範囲をしぼる

$x^2+y^2=41$ を満たす 0 以上の整数 x, y を求めるとしよう．$y^2=41-x^2\geq 0$ であるから，$x^2\leq 41$ となる．これを満たす x（0 以上の整数）は 0, 1, 2, 3, 4, 5, 6 しかないから，それぞれに対して y が整数になるかどうかを調べればよい．答えは $(x,\ y)=(4,\ 5),\ (5,\ 4)$ である．整数はとびとびにしかないから，範囲がしぼれるとその中の整数を 1 つずつチェックする，ということができる．

6・4 背理法（詳しくは，☞ 本シリーズ数 I，p.69）

あることを示すのに，結論を否定して（つまりそれが成り立たないと仮定して）矛盾を導く論法を**背理法**という．背理法は，示したいことが「××でない」という形で述べられているときに有効であることが多い（「××でない」を否定すると，「××である」となってこれが仮定に加わるから）．例をあげよう．

（1）α が無理数であることを示したいとき．無理数は有理数で$\dot{な}\dot{い}$実数だから，これを否定すると「有理数である」となる．よって，$\alpha=\dfrac{n}{m}$ とおいて矛盾を導くことを考える．

（2）m と n が互いに素であることを示したいとき．互いに素とは共通の素因数をも$\dot{た}\dot{な}\dot{い}$ことであるから，m と n が共通の素因数 p をもつ（つまり m, n ともに p の倍数）と仮定して矛盾を導くことを考える．

1 素因数分解

（ア）$\sqrt{24n}$ が整数になるような最小の自然数 n は ▭(1) である．また，$\sqrt{24n}$ が100より大きい整数になるような最小の自然数 n は ▭(2) である． （東海大）

（イ）$n^2-20n+91$ の値が素数となる整数 n は，▭ と ▭ である． （明治学院大・経，社）

▶ 素因数分解が基本　$\sqrt{24n}$ が整数 $\Longrightarrow$ $24n$ が平方数（ある整数の2乗）
　　　　　　　　　　$\Longrightarrow$ $24n$ を素因数分解したときのすべての素数の指数が偶数

である．これより，（ア）の n はどのような形でなければならないのかがわかる．

▶ 素数の条件の使い方　整数 x, y と素数 p が $p=xy$ を満たすならば，x, y のどちらかは ±1 でなければならない（そうでないと素数 p がさらに素因数分解できることになってしまう）．従って，このとき (x, y) は $(1, p)$, $(-1, -p)$, $(p, 1)$, $(-p, -1)$ に限られる．（イ）は，n の2次式が因数分解できるのでこの形になって解ける（一般には難しいか解けない）．

▌解　答▐

（ア）（1）$\sqrt{24n}=\sqrt{2^3\cdot3\cdot n}=\underline{N}$（$N$ は自然数）とおいて平方すると
$$2^3\cdot3\cdot n=N^2$$

N^2 を素因数分解したときの各素数の指数は偶数だから，2の指数は4以上の偶数，3の指数は2以上の偶数である．よって，$n=2\cdot3\cdot k^2$（k は自然数）と書ける．最小の n は，$k=1$ のときで $n=\mathbf{6}$．

⇐ n は自然数で考えるので $N>0$

⇐ $2^3\cdot3\cdot n$ の2の指数・3の指数が偶数なので n は $2\cdot3$ で割り切れる．k は何でもよい（2や3で割り切れてもよい）．

（2）$n=2\cdot3\cdot k^2$ のとき，$N=\sqrt{24n}=\sqrt{2^4\cdot3^2\cdot k^2}=2^2\cdot3\cdot k=12k$

$12k>100$ のとき $k\geqq 9$ だから，$N>100$ となるような最小の k は9で，そのときの n は $2\cdot3\cdot9^2=\mathbf{486}$

（イ）$n^2-20n+91=(n-7)(n-13)$ ……………①

であるから，整数 n に対して①が素数となるならば
$$n-7=\pm1 \quad \text{または} \quad n-13=\pm1$$
でなければならない．よって，$n=8, 6, 14, 12$ であり，順に①に代入すると①は $-5, 7, 7, -5$ となる．従って求める n は $\mathbf{6}$ と $\mathbf{14}$．

○1 演習題（解答は p.78）

素数 p, q, r に対して
$$2p^3qr+19p^2q^2r-10pq^3r=111111$$
が成り立つとき，$p=$ ▭，$q=$ ▭，$r=$ ▭ である．

（上智大・総人，法，外）

左辺を因数分解，右辺を素因数分解する．左辺の因数は1になる可能性あり．

◆ 2 最大公約数・最小公倍数

(ア) 自然数 15, 40, n の最大公約数が 5 で最小公倍数が 600 である．このような n は □ 個あり，最小の n は □，最大の n は □ である． （法政大・理系）

(イ) 正の整数 x, y の最大公約数と最小公倍数の和が 400 で，$3x=5y$ のとき，2 つの整数は $x=$ □，$y=$ □ である． （愛知学院大）

素因数分解した形を考える 最大公約数，最小公倍数についての問題では，素因数分解した形を考えるのが基本である．例えば，最小公倍数が $600=2^3 \times 3 \times 5^2$ であれば，5^2 を含む自然数が少なくとも 1 つあることがわかる．

互いに素な 2 数が等式の両辺にあるとき 一般に，A と B が互いに素で $Ak=Bl$ (k, l は整数) が成り立つとき，k は B の倍数，l は A の倍数である．例えば，$8x=5y$ から x は 5 の倍数であることが導かれ，$x=5m$ とおけば（これを $8x=5y$ に代入して）$y=8m$ となる．

最大公約数でくくった形に着目 正の整数 a と b の最大公約数が g であるとき，a, b を g で割って得られる整数をそれぞれ a', b' とすれば，$a=a'g$, $b=b'g$ ……☆ と書け，ここで a' と b' は互いに素な整数である（g が最大公約数だから）．公約数・公倍数がらみの問題では，未知数 a, b を☆の形におくとうまくいくことがある（☞演習題）．逆に，☆で a' と b' が互いに素であれば a と b の最大公約数は g である（☞例題(イ)，傍注も参照）．なお，☆のとき，a と b の最小公倍数 L は $a'b'g$ であり，$gL=g \cdot a'b'g=a'g \cdot b'g=ab$，つまり，関係式 $gL=ab$ が導かれる．

▤ 解 答 ▤

(ア) $15=3 \cdot 5$ と $40=2^3 \cdot 5$ の最大公約数が 5 であるから，15, 40, n の最大公約数が 5 になるための条件は「n が 5 の倍数であること」である．

これらの最小公倍数が $600=2^3 \cdot 3 \cdot 5^2$ であるから，いずれかは 5^2 の倍数でなければならないが，それは n しかない．よって，

$$n=2^p \cdot 3^q \cdot 5^2$$

と書ける．15 の素因数分解に 3 があり，40 の素因数分解に 2^3 があるので，p は 0, 1, 2, 3 のいずれか，q は 0, 1 のいずれかである．よって，p は 4 通り，q は 2 通りあるから n は $4 \cdot 2=$ **8 個** あり，最小の n は $2^0 \cdot 3^0 \cdot 5^2=$ **25**，最大の n は $2^3 \cdot 3 \cdot 5^2=$ **600** である．

⇐これは 5 の倍数なので最初の条件を満たす．また，n は 600 の約数だから 2, 3, 5 以外の素因数はもたない．

(イ) $3x=5y$ より x は 5 の倍数である．よって，$x=5m$ (m は自然数) とおけ，$3x=5y$ より $y=3m$ である．このとき，x と y の最大公約数は m，最小公倍数は $15m$ となるから，問題の条件から

$$m+15m=400 \quad \therefore \quad 16m=400$$

従って，$m=25$, $x=$ **125**, $y=$ **75**．

⇐3 と 5 は互いに素なので，$3x$ が 5 の倍数なら x は 5 の倍数．

⇐$x=5m$, $y=3m$ は前文☆の表現になっている．

━━━ ◇2 演習題 （解答は p.78）━━━

(ア) 最大公約数と最小公倍数の和が 51 であるような 2 つの自然数 a, b ($a<b$) は □ 組あり，最大の a の値は □ である． （法政大・理系）

(イ) 和が 546 で最小公倍数が 1512 である 2 つの正の整数を求めよ．
 （麻布大・生命環境／空欄を省略）

（ア）は最大公約数を g とおいてみる．（イ）も公約数に着目する．

◆3 約数の個数・総和

(1) 120 を素因数分解した形で表すと，120＝ ____ と書ける．
(2) 120 の正の約数は ____ 個ある．
(3) 120 の正の約数のうち，5 の倍数は ____ 個あり，6 の倍数は ____ 個ある．
(4) 120 の正の約数の総和は ____ となる．
(岡山商大)

約数の個数 約数の個数は公式（解答の下）があるが，導き方を理解しているといろいろな問題（＊＊を満たす約数の個数を求めよ，など）に対応できる．例えば $N=2^3 \cdot 3^2$ の約数（以下，約数は正の約数とする）の個数を求めてみよう．N の約数は $2^a \cdot 3^b$ の形をしていて，a は 0, 1, 2, 3 のどれか，b は 0, 1, 2 のどれかであるから，a の決め方（4通り）と b の決め方（3通り）を考えて $4 \times 3 = 12$ 個となる（これで約数がちょうど1個ずつ出てくることがポイント）．N の約数のうち偶数であるものの個数，であれば，a は 0 以外だから 1, 2, 3（b は 0, 1, 2）になって $3 \times 3 = 9$ 個である．

約数の総和 これも公式があるが，その式で求められる理由を理解しよう．上の N では，$(2^0+2^1+2^2+2^3) \times (3^0+3^1+3^2)$ となる．これを文字式を思って展開すると $2^a \cdot 3^b$（$a=0\sim3, b=0\sim2$）が 1 つずつ出てくることを確かめよう．これがわかれば，N の約数のうち偶数であるものの総和が $(2^1+2^2+2^3) \times (3^0+3^1+3^2)$ となることが理解できるだろう．

≡ 解 答 ≡

(1) $120 = \mathbf{2^3 \cdot 3 \cdot 5}$

(2) 120 の約数は
$2^a \cdot 3^b \cdot 5^c$ の形の自然数で $a=0,1,2,3$；$b=0,1$；$c=0,1$
である．a, b, c の組を 1 つ決めると約数が 1 つ決まり，a は 4 通り，b は 2 通り，c は 2 通りの値をとるので，$4 \times 2 \times 2 = \mathbf{16}$ 個．

(3) 5 の倍数は，$2^a \cdot 3^b \cdot 5^c$ で $c=1$ であるから，a の決め方（4通り）と b の決め方（2通り）を考えて，$4 \times 2 = \mathbf{8}$ 個．

$6 = 2 \cdot 3$ の倍数は，$2^a \cdot 3^b \cdot 5^c$ で $a \geq 1, b=1$ であるものだから，a の決め方（1, 2, 3 の 3 通り）と c の決め方（0, 1 の 2 通り）を考えて，$3 \times 2 = \mathbf{6}$ 個．

(4) $S = (1+2+2^2+2^3)(1+3)(1+5)$ とし，これを文字式と見て展開すると，$120 = 2^3 \cdot 3 \cdot 5$ の約数がどれも 1 回ずつ出てくる．従って求める値は S であり，計算すると
$$S = 15 \times 4 \times 6 = \mathbf{360}$$

【公式】 $N = p^a q^b r^c \cdots$ と素因数分解されるとき，
N の約数の個数は $(a+1)(b+1)(c+1)\cdots$
N の約数の総和は $(1+p+\cdots+p^a)(1+q+\cdots+q^b)(1+r+\cdots+r^c)\cdots$

◯3 演習題（解答は p.78）

(ア) $ab=2010$ をみたす正の整数 a, b（$a<b$）は ____ 組ある． (東邦大・理)

(イ) 360 の約数は（360 と 1 を含めて） __(1)__ 個あり，それらの和は __(2)__ である．360 の約数のうちで 180 の約数でないものは __(3)__ 個あり，それらの和は __(4)__ である．また，360 のすべての約数の積を素因数分解した形で表すと __(5)__ である．
ただし，約数は正の約数とする．

> (ア) 約数の個数との関係は？
> (イ) (3)(4) は 180 の約数でないを指数の条件にする．(5) は (ア) がヒント．

4 倍数の個数

300以下の自然数のうち,8, 12, 24の倍数の集合をそれぞれ A, B, C とする.集合 X の要素の個数を $n(X)$ で表すと,
$$n(A)=\boxed{(1)},\ n(C)=\boxed{(2)},\ n(A\cup B)=\boxed{(3)}$$
である.

300以下の自然数のうち,4の倍数であって8でも12でも割り切れないものの個数は $\boxed{(4)}$ である.

(大同大)

k の倍数は k ごとに現れる k(自然数)の倍数は k, $2k$, $3k$, … と k ごとに現れるので,n 以下の自然数で k の倍数であるものの個数は n を k で割った商である.

ベン図を描いて考えよう $A\cup B$ は「8の倍数または12の倍数」であるが,この個数を求めるのに単純に8の倍数の個数と12の倍数の個数を足してはいけない.ベン図を描いて考えよう.

「割り切れない」は数えにくい 「8でも12でも割り切れない」は数えにくい.これの否定を考えると「8または12で割り切れる」となるから,全体から「8で割り切れる,または12で割り切れる」ものを引くと考える.(4)の全体集合は,300以下の4の倍数である.

解答

(1) $300\div 8=37$ 余り 4 より,$n(A)=\mathbf{37}$　　⇐8の倍数の個数.

(2) $300\div 24=12$ 余り 12 より,$n(C)=\mathbf{12}$　　⇐24の倍数の個数.

(3) $300\div 12=25$ より,$n(B)=25$ である.　　⇐12の倍数の個数.

また,8と12の最小公倍数は24だから $A\cap B=C$ である(右図). 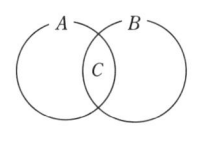
よって,
$$n(A\cup B)=n(A)+n(B)-n(C)$$
$$=37+25-12=\mathbf{50}$$

⇐$n(A)+n(B)$ とすると C の部分を2回数えていることになるので1回分を引く.

(4) 300以下の自然数のうち,4の倍数の集合を D とすると,$300\div 4=75$ より $n(D)=75$ である.

A, B は D に含まれるから「4の倍数であって8でも12でも割り切れないもの」は右図網目部である. 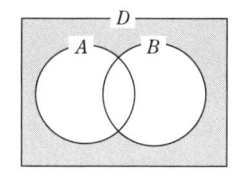
この部分の個数は,
$$n(D)-n(A\cup B)=75-50=\mathbf{25}$$

○4 演習題 (解答は p.79)

(ア) 1000以下の自然数で,7の倍数であるものの個数は $\boxed{(1)}$ 個である.また,1000以下の自然数で,21との公約数が1以外にないものの個数は $\boxed{(2)}$ 個である.

(東海大・医)

(イ) (1) 2006は17で割り切れる.2006を素因数分解しなさい.

(2) つぎの2006個の分数を考える.
$$\frac{1}{2006},\ \frac{2}{2006},\ \cdots,\ \frac{2005}{2006},\ \frac{2006}{2006}$$
これらのなかで,約分して分母を3けた以下の整数にできるものはいくつあるか.

(龍谷大・文系)

(ア)(2)は21との公約数が1以外にあるものの方が数えやすい.
(イ) 分子と2006の最大公約数が何の場合かを考えよう.

5 $n!$ が p で何回割れるか

3^n が $100!$ を割り切るような最大の整数 n は ▭ である.

(東北学院大・工)

$n!$ に含まれる素因数 p の個数 上の例題（$100!$ が 3 で何回割れるかを求める）で，1〜100 に 3 でちょうど 1 回割れる数は何個，ちょうど 2 回割れる数は何個，…というような数え方はうまくない．$n=20$, $p=2$（$20!$ が 2 で何回割れるか）の例で説明しよう．まず，1〜20 の各整数が 2 で何回割れるかを調べ，●印の個数で表す（下の表では奇数は省略）．下の表の●印の合計が求める個数である．

```
           2  4  6  8 10 12 14 16 18 20
1段目      ●  ●  ●  ●  ●  ●  ●  ●  ●  ●
2段目         ●     ●     ●     ●     ●
3段目            ●           ●
4段目                        ●
```

これを段ごとに加える（1段目＋2段目＋…）のがポイントで，$10+5+2+1=18$ が答えとなる．k 段目の●印は 2^k の倍数についているから $\left[\dfrac{20}{2^1}\right]+\left[\dfrac{20}{2^2}\right]+\left[\dfrac{20}{2^3}\right]+\left[\dfrac{20}{2^4}\right]$（$[x]$ は x 以下の最大の整数を表す）という式で表すことができ，一般の場合は解答のあとに示したようになる．

なお，実際の計算は次のようにしてもよい．

1 段目は $20\div 2=10$ 個，2 段目は $10\div 2=5$ 個，3 段目は $5\div 2=2.5$ より 2 個，4 段目は $2\div 2=1$ 個．直前の個数（最初は n）を 2（一般には p）で割って小数点以下を切り捨てることを繰り返すと求められる．2 段目の●印は 1 段目の●印に対して 2 個ごと，3 段目は 2 段目に対して 2 個ごとだからである．
なお，p は素数であることに注意しよう（演習題（イ））．

≡ 解 答 ≡

100 以下の自然数で 3 の倍数は，$100\div 3=33.\cdots$ より 33 個 ………① ⇐前文の表の 1 段目に相当．

100 以下の自然数で 3^2 の倍数は，$33\div 3=11$ より 11 個 ………②

100 以下の自然数で 3^3 の倍数は，$11\div 3=3.\cdots$ より 3 個 ………③

100 以下の自然数で 3^4 の倍数は，$3\div 3=1$ より 1 個 ………④

100 以下の自然数で 3^5 の倍数はない．

3 でちょうど 1 回割れる自然数は①だけに含まれ，ちょうど 2 回割れる自然数は①と②に含まれ，以下同様であるから，求めるもの（$100!$ に含まれる 3 の個数）は①＋②＋③＋④である．答えは，

$$33+11+3+1=\mathbf{48}$$

⇐ちょうど 3 回割れるものは①②③に含まれる．つまり，①＋②＋③＋④とすると，3 で割れる回数だけ重複して数えたことになる．

【一般には】 n を自然数，p を素数とする．$n!$ に含まれる p の個数は

$$\left[\frac{n}{p}\right]+\left[\frac{n}{p^2}\right]+\left[\frac{n}{p^3}\right]+\cdots \qquad \cdots\cdots \text{☆}$$

である．

⇐どこかで $p^k>n$, $\left[\dfrac{n}{p^k}\right]=0$ となるので有限和．

◆5 演習題 (解答は p.79)

(ア) (1) $50!$ を素因数分解したとき，累乗 2^a の指数 a を求めよ．

(2) ${}_{100}C_{50}$ を素因数分解したとき，累乗 3^b の指数 b を求めよ．

(琉球大・理(数)-後)

(イ) $99!$ の末尾には 0 が ▭ 個並ぶ．

(明海大・経, 不動産)

> (ア) ${}_{100}C_{50}=\dfrac{100!}{50!\,50!}$
>
> (イ) 0 が n 個並ぶ
> $\iff 10^n=2^n 5^n$ で割れる．

◆ 6 不定方程式／因数分解型

(ア) 方程式 $3xy+3x+y=5$ を満たす2つの整数 x, y の組をすべて求めよ． (倉敷芸術科学大)

(イ) $15x^2+2xy-y^2+32x+16$ を因数分解すると ☐ となる．また，x, y が正の整数のとき $15x^2+2xy-y^2+32x-44=0$ を満たす x, y の値は $(x, y)=$ ☐ である．

(札幌市立大・デザイン－後／空欄の形を変更)

因数分解型の不定方程式 「$xy=12$ を満たす2つの整数 x, y の組を求めよ」という問題であれば易しい．この延長で，$(x+1)(y+2)=12$ や $(x+y)(x+2y+1)=12$ のような形も解けることがわかるだろう（左辺の因数に12の約数をあてはめていけばよい）．(ア)の式の左辺はこのままでは因数分解できないが，うまく定数を加えると因数分解できる（最初の傍注も参照）．ここがポイントである．

約数のしぼり方 x を整数として，$2x+1$ が12の約数であるとしよう．$2x+1$ は奇数だから，とり得る値は ± 1，± 3 に限られる．このように，偶奇（や大小など）に着目して約数をしぼることができる場合がある．式の形に応じて考えよう．

▓解 答▓

(ア) $\left[xy+x+\dfrac{y}{3}=\dfrac{5}{3} \text{ から } \left(x+\dfrac{1}{3}\right)(y+1)=\dfrac{5}{3}+\dfrac{1}{3}. \text{ 分母を払って} \right]$

$3xy+3x+y=5$ より，$(3x+1)(y+1)=6$

$3x+1, y+1$ はともに整数だから6の約数（負も含む）であり，$\pm 1, \pm 2, \pm 3, \pm 6$ のいずれかとなる．この中で $3x+1$ になり得るものは -2 と1だから，

$3x+1=-2, y+1=-3$ または $3x+1=1, y+1=6$

よって，$(x, y)=(-1, -4), (0, 5)$

⇐ $xy+Ax+By=C$ [xy の係数が1]
なら $(x+B)(y+A)=C+AB$

⇐ 答案はここからでよい．

⇐ 負を忘れないように．

⇐ 3で割ると1余る数
$-2=3\cdot(-1)+1$

⇐ かけて6

(イ) $15x^2+2xy-y^2+32x+16=(3x+y)(5x-y)+32x+16$
$\qquad\qquad\qquad\qquad\qquad =(3x+y+4)(5x-y+4)$

次に，$15x^2+2xy-y^2+32x-44=0$ のとき，

$15x^2+2xy-y^2+32x+16=60$

$\therefore (3x+y+4)(5x-y+4)=60$

ここで，$A=3x+y+4, B=5x-y+4$ とおくと，
$A-B=-2(x-y)$ は偶数であるから，A と B の偶奇は一致する．AB が偶数であることと合わせて A, B とも偶数である．また，$x \geqq 1, y \geqq 1$ より $A \geqq 3+1+4=8$ である．よって，A は60の約数であって8以上の偶数，B は偶数である．従って，$(A, B)=(10, 6), (30, 2)$

$\therefore \begin{cases} 3x+y+4=10 \\ 5x-y+4=6 \end{cases}$ または $\begin{cases} 3x+y+4=30 \\ 5x-y+4=2 \end{cases}$

$\therefore \begin{cases} 3x+y=6 \\ 5x-y=2 \end{cases}$ または $\begin{cases} 3x+y=26 \\ 5x-y=-2 \end{cases}$

答えは，$(x, y)=(1, 3), (3, 17)$

⇐ まず2次の項を因数分解
$\begin{array}{c} 3x+y \\ 5x-y \end{array} \begin{array}{c} \times \\ \times \end{array} \begin{array}{c} 4 \\ 4 \end{array} \to 32x$

⇐ 左辺の定数項を16にして因数分解．両辺に $+60$．

⇐ 60の約数は多いのですべて調べるのは大変．偶奇と $x \geqq 1, y \geqq 1$ に着目する．

⇐ $60=1\times 60=2\times 30=3\times 20$
$=4\times 15=5\times 12=6\times 10$

○6 演習題 (解答は p.80)

(ア) x の2次方程式 $x^2-2(k-1)x-4k+3=0$ が整数解を持つような k の値はいくらか．ただし，k は整数定数とする．　(明海大・経, 不動産)

(イ) a, x を自然数とする．$x^2+x-(a^2+5)=0$ をみたす a, x の組を全て求めよ．　(京都教大)

(ア) 2解を α, β とおいて k を消去．
(イ) 因数分解型．まず x について平方完成する．

7 不定方程式／平方完成（判別式）型

n を整数とする．x の2次方程式
$$x^2+2nx+2n^2+4n-16=0 \quad \cdots\cdots ①$$
について考える．
(1) 方程式①が実数解を持つような最大の整数 n は □ で，最小の整数 n は □ である．
(2) 方程式①が整数の解を持つような整数 n を小さい方から順に並べると，$n=$ □ である．

(金沢工大)

整数解なら実数解 最終的に求めたいものは「①が整数解を持つような整数 n」であるが，整数解は実数解であるから，そのような n は「①が実数解を持つような整数 n」…(*)に含まれる．(*)は①の判別式が0以上になる n であり，それがある範囲にしぼられる（つまり n が有限個しかない）ならば，それぞれについて x が整数になるかならないかを調べて解くことができる．

解 答

(1) ①が実数解を持つための条件は，(判別式)/4 について，
$$n^2-(2n^2+4n-16) \geq 0 \qquad \therefore \quad -n^2-4n+16 \geq 0$$
$f(n)=-n^2-4n+16$ とおくと，
$$f(n)=-(n+2)^2+20$$
であるから，$y=f(n)$ のグラフは $n=-2$ に関して対称である（右図）．
$$f(2)=f(-6)=4,\ f(3)=f(-7)=-5$$
より，$f(n) \geq 0$ となる**最大の整数 n は 2**，**最小の整数 n は -6**．

(2) ①を満たす x は $x=-n\pm\sqrt{f(n)}$ であるから，x が整数となるための条件は $f(n)$ が平方数となること．
$$f(-2)=20,\ f(-1)=-1^2+20=19,\ f(0)=16,$$
$$f(1)=-3^2+20=11,\ f(2)=4$$
と $n=-2$ に関する対称性から，求める n は
$$\boldsymbol{-6,\ -4,\ 0,\ 2}$$

➡注 ①を平方完成すると $(x+n)^2+(n+2)^2-20=0$ となるので，
$$(x+n)^2=20-(n+2)^2$$
右辺が20以下の平方数となることから求めてもよい．
なお，前ページの問題でも判別式（$\sqrt{}$ の中）が平方数，という手法は有効であるが，$\sqrt{}$ の中 $=d^2$（d は整数）のようにおかないとできない．
○6の演習題の解答の注（p.80）も参照．

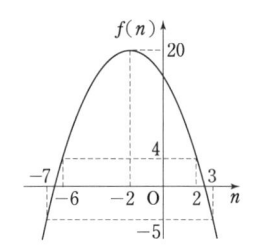

⇦ ①を x について解いて
$x=-n\pm\sqrt{-n^2-4n+16}$
この $\sqrt{}$ の中 ≥ 0 としてもよい．

⇦ n を実数としたときのグラフを描いた．

⇦ -7 と -6 の間，2 と 3 の間で横切るから，$f(n) \geq 0$ となる整数 n の範囲は $-6 \sim 2$．

⇦ 0, 2 が適する

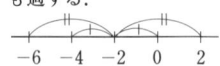

⇦ 0 が適するなら -2 と対称な -4 も適する．

⇦ 実質的に同じ解法．

⇦ $\sqrt{}$ の中が0以上，という条件では範囲が決まらない．

○7 演習題（解答は p.80）

(ア) 2次方程式 $ax^2+10x+a=0$（a は自然数）が少なくとも1つ整数解をもつような a の値を求めなさい．

(岐阜経済大)

(イ) 方程式
$$2x^2+y^2+2z^2+2xy-2xz-2yz-11=0$$
をみたす正の整数の組 $(x,\ y,\ z)$ をすべて求めなさい．

(愛知学院大・薬)

(ア) x を a で表して，$\sqrt{}$ の中 ≥ 0 が必要．
(イ) 3文字になっても同じ．y^2 の係数が1なので，…

◆ 8 不定方程式／3文字

100円, 50円, 10円の硬貨を使って420円をちょうど支払う方法は □ 通りある．

(山梨学院大)

大きいものから地道に この例題は一般性のある解き方をすることができる（☞別解．420を大きい数値に変えても計算できる）が，まず地道に数え上げる方法で解いてみよう．最初に100円の枚数を固定し，次に50円の枚数を決める（残りは10円）のがよいことは自然に理解できるだろう．数え上げでは，「場合わけは少なく」「自由なものはあとに残す」といった原則をふまえ固定する順番を考えよう．なお，問題文に断りがなければ「0枚の硬貨があってもよい」とするのが慣例である．

解 答

100円, 50円, 10円の枚数をそれぞれ x, y, z とすると，
$$100x+50y+10z=420 \quad \therefore \quad 10x+5y+z=42 \quad \cdots\cdots ①$$
$y\geqq 0$, $z\geqq 0$ より $10x\leqq 42$ であるから，$0\leqq x\leqq 4$

- $x=0$ のとき，①は $5y+z=42$
  y を決めると z は決まり，y は $0, 1, \cdots, 8$ の9通りの決め方がある．　　⇦ $z=42-5y$
- $x=1$ のとき，①は $5y+z=32$ で，y は $0\sim 6$ の7通り．
- $x=2$ のとき，①は $5y+z=22$ で，y は $0\sim 4$ の5通り．
- $x=3$ のとき，①は $5y+z=12$ で，y は $0\sim 2$ の3通り．
- $x=4$ のとき，①は $5y+z=2$ で，y は 0 のみ．

以上より，$9+7+5+3+1=\mathbf{25}$ **通り**．

【別解】

x と y を決めると①から z が決まり，①のとき
$\underline{10x+5y\leqq 40}$ すなわち $2x+y\leqq 8$
である．よって，求めるものは右図の △OAB 内（周も含む）の格子点（x座標，y座標とも整数の点）の個数である．これを N とする．　　⇦ $10x+5y$ は5の倍数

図の対称性から，△ABC 内の格子点の個数も N であり，線分 AB 上（両端含む）に格子点は5個ある．よって，長方形 OACB 内の格子点の個数について
$$(4+1)(8+1)=2N-5 \quad \therefore \quad N=\mathbf{25}$$

⇦ AB上をダブルカウント．

◯8 演習題 （解答は p.81）

(1) 100円, 50円, 10円の3種類の硬貨をもちいて，500円を支払うとき，支払い方（それぞれの硬貨の枚数）は何通り考えられるか．ただし，50円硬貨は2枚までしかもちいないとし，全種類の硬貨をもちいるとは限らないとする．

(2) (1)において，支払う硬貨の枚数の合計を定めると，支払い方は1通りに定まる．その理由を説明せよ．

(3) (1)において，「50円硬貨は2枚まで」という条件がない場合，500円を支払う硬貨の枚数の合計は同じでも，支払い方が違う場合があるか．あるならばその例を1つ挙げ，ないならばそのことを証明せよ．

(類 名古屋女子大)

(1)は例題と同様だが，50円の枚数に制約がある．
(2)(3)は全部の支払い方を一覧表にしてもできる程度の数だが，条件を式で表して解いてもよい．

9 不定方程式／範囲をしぼる

正の整数 x, y, z が $\dfrac{1}{x}+\dfrac{2}{y}+\dfrac{3}{z}=2$, $x\geqq y\geqq z$ を満たすとき，

(1) z の値の範囲は $\boxed{}\leqq z\leqq\boxed{}$ である．

(2) 与えられた条件を満たす整数 x, y, z の組をすべて求めよ．

(阪南大／(2)の空欄を省略)

不等式を作って範囲をしぼる 本問のポイントは「z はあまり大きくなれない」ということである．例えば $z=10$ にはなり得ない．なぜならば，このとき $10\leqq y\leqq x$ より $\dfrac{1}{x}\leqq\dfrac{1}{10}$, $\dfrac{1}{y}\leqq\dfrac{1}{10}$ となって $\dfrac{1}{x}+\dfrac{2}{y}+\dfrac{3}{z}\leqq\dfrac{1}{10}+\dfrac{2}{10}+\dfrac{3}{10}=\dfrac{6}{10}<2$ になるからである．大小はオマケの条件にも見えるが，このような議論をすることがポイントの問題であり，大小設定が鍵を握っているとも言える．

範囲が決まれば有限個 範囲が決まると，その中に整数は有限個しかない．1 つずつ代入して調べることで解決する場合が多い．

解答

$$\dfrac{1}{x}+\dfrac{2}{y}+\dfrac{3}{z}=2 \quad \cdots\cdots ①$$

(1) $x\geqq y\geqq z$ より $\dfrac{1}{x}\leqq\dfrac{1}{z}$, $\dfrac{1}{y}\leqq\dfrac{1}{z}$ であるから，① より

$2=\dfrac{1}{x}+\dfrac{2}{y}+\dfrac{3}{z}\leqq\dfrac{1}{z}+\dfrac{2}{z}+\dfrac{3}{z}=\dfrac{6}{z}$　∴ $2\leqq\dfrac{6}{z}$　∴ $z\leqq 3$

⇦ 前文で述べたように，本問では $x\geqq y\geqq z$ の活用がポイント．

また，① と $\dfrac{1}{x}+\dfrac{2}{y}>0$ より $\dfrac{3}{z}<2$　∴ $\dfrac{3}{2}<z$　∴ $2\leqq z$

⇦ x, y, z は正の整数．

よって，$\mathbf{2\leqq z\leqq 3}$

(2) $z=3$ のとき，(1) の $z\leqq 3$ までの等号がすべて成り立つから，

$x=y=z=3$

$z=2$ のとき，① より $\dfrac{1}{x}+\dfrac{2}{y}=\dfrac{1}{2}$　∴ $2y+4x=xy$

⇦ $2xy$ をかけて分母を払った．

∴ $xy-4x-2y=0$　∴ $(x-2)(y-4)=8$

$x\geqq y\geqq 2$ より $x-2\geqq 0$, $x-2>y-4$ だから

⇦ $x-2\geqq y-2>y-4$

$(x-2, y-4)=(8, 1), (4, 2)$　∴ $(x, y)=(10, 5), (6, 6)$

答えは，$(\mathbf{x, y, z})=(\mathbf{3, 3, 3}), (\mathbf{10, 5, 2}), (\mathbf{6, 6, 2})$

○9 演習題 (解答は p.82)

(1) a, b を $a<b$, $\dfrac{1}{a}+\dfrac{1}{b}<1$ をみたす任意の自然数とするとき，$\dfrac{1}{a}+\dfrac{1}{b}$ の最大値が $\dfrac{5}{6}$ であることを証明せよ．

(2) a, b, c を $a<b<c$, $\dfrac{1}{a}+\dfrac{1}{b}+\dfrac{1}{c}<1$ をみたす任意の自然数とするとき，$\dfrac{1}{a}+\dfrac{1}{b}+\dfrac{1}{c}$ の最大値が $\dfrac{41}{42}$ であることを証明せよ．

(富山大・医, 薬, 理(数))

(1)(2)とも最小の a についてまず考える．a が大きいと逆数の和は大きくなれない．$a<b$ はヒントである．

10 合同式の活用

(ア) 自然数 3^{48} の一の位の数は (1) であり，3^{51} の一の位の数は (2) である．
（名古屋工芸大）

(イ) m, n を自然数とする．m を 7 で割ると 3 余り，m^2+n を 7 で割ると 1 余る．このとき，n を 7 で割るといくら余るか．
（倉敷芸術科学大）

合同式　a, b を整数，m を正の整数として，a, b を m で割った余りが等しい（$a-b$ が m で割り切れる，と表現することもある．「余りが等しい $\iff$ 差が割り切れる」だから）とき，$a \equiv b \pmod{m}$ と書く．$a \equiv b \pmod{m}$，$c \equiv d \pmod{m}$ ならば
$$a+c \equiv b+d \pmod{m}, \quad a-c \equiv b-d \pmod{m}, \quad ac \equiv bd \pmod{m}$$
が成り立つ〔和，差，積については mod m が共通の場合，通常の等式と同様に扱える〕．
　$ac \equiv bd$ の式で $c=a$，$d=b$ とすれば，$a \equiv b$ のとき，$a^2 \equiv b^2 \pmod{m}$ となる．同様にして，$a^n \equiv b^n \pmod{m}$ である．余りに関する問題では，合同式を使うと簡潔な答案が書けることが多い．

余りは繰り返す　3^n ($n=1, 2, \cdots$) の一の位の数を順次求めてみよう．右の筆算から，B は $3A$ の一の位である．つまり直前の一の位を 3 倍してその数の一の位が次 (3^{n+1}) の一の位となる．これより，同じ値が出てくればそれ以降は繰り返しになることがわかる．なお，一の位の数は 10 で割った余りであるから，mod 10 で考えてもよい（☞注）．

$$\begin{array}{r} ☆ \ A \ (=3^n) \\ \times 3 \\ \hline ★ \ B \ (=3^{n+1}) \end{array}$$

解答

(ア) $3^1, 3^2, 3^3, 3^4, 3^5$ の一の位の数は $\underline{3, 9, 7, 1, 3}$ であり，3^1 と 3^5 の一の位の数が同じだから，3, 9, 7, 1 の繰り返しとなる．
⇦ 前文に書いたように，一の位だけ計算していけばよい．3, 9, 7, 1 の繰り返しなので周期 4．

(1) 48 は 4 で割り切れるので，3^{48} の一の位は 3^4 の一の位に等しく **1**．

(2) 51 を 4 で割った余りは 3 なので，答えは **7**．
⇦ 3^3 の一の位と同じ．

(イ) $m \equiv 3 \pmod 7$ であるから，$m^2 \equiv 9 \equiv 2 \pmod 7$
条件より $m^2+n \equiv 1 \pmod 7$ であるから，
$$2+n \equiv 1 \pmod 7 \qquad \therefore n \equiv -1 \equiv 6 \pmod 7$$
従って，n を 7 で割った余りは **6**．

➡注 (ア) $3^1 \equiv 3^5 \pmod{10}$ の両辺に 3^{n-1} をかけて ($n \geq 1$)
$\underline{3^n \equiv 3^{n+4} \pmod{10}}$. これより一の位の周期は 4，としてもよい．
また，解答とほとんど同じだが $3^4 \equiv 1 \pmod{10}$ から
$$3^{48}=\underline{(3^4)^{12} \equiv 1^{12}=1 \pmod{10}}, \quad 3^{51}=3^{48}\cdot 3^3 \equiv 1\cdot 7 \equiv 7 \pmod{10}$$
としてもよい．

⇦ 4 つごとに一の位の数が同じになる，を式に書いたもの．

⇦ 余り（一の位）1 が出てきたら繰り返しになる，を式で表した．

10 演習題（解答は p.82）

(ア) 91^{91} を 100 で割った余りは □ である．
（東京工科大・バイオ，コンピュータ）

(イ) 自然数 n に対して，3^n を 7 で割った余りを $f(n)$ で表すことにするとき，以下の問いに答えよ．

(1) $f(2)=$ □，$f(4)=$ □，$f(6)=$ □

(2) x, y, z を集合 $\{1, 2, 3, 4, 5, 6\}$ の要素とするとき，
$$f(17x)=f(4), \quad f(5y)=f(y+10), \quad f(z^2+3)=f(4)$$
を満たす x, y, z は，$x=$ □，$y=$ □，$z=$ □ である．
（類　椙山女学園大）

(ア) 91^n の一の位は 1 なので周期は長くない．
(イ) まず $f(n)$ の周期を求める．

11 剰余による分類

m, n を自然数とする．次を証明せよ．
(1) m が 3 の倍数であることは，m^2 が 3 の倍数であるための必要十分条件である．
(2) $m^2 = 27n + 18$ を満たす m, n は存在しない．

(東北学院大・文系)

剰余で分類する (1) は m を素因数分解した形を設定して（素因数に 3 があるかどうかで）解くのが早い（☞注）が，ここでは (2) とのつながりを考え，m^2 を 3 で割った余り（になり得る数）をすべて求めることで解く．この場合，m を 3 で割った余りで分類し，$m = 3k$, $m = 3k+1$, $m = 3k+2$ [k は 0 以上の整数；m を 3 で割った商] の 3 つのパターンを調べればすむ．余りで分類することで，自然数（無数にある）についての問題が有限（上の場合は 3 タイプ）の問題になることがポイントと言える．

解答

(1) k は整数とする．
- $m = 3k$ のとき $m^2 = 9k^2$ で，これは 3 の倍数．
- $m = 3k+1$ のとき，$m^2 = (3k+1)^2 = 9k^2 + 6k + 1 = 3(3k^2 + 2k) + 1$
  これを 3 で割った余りは 1．
- $m = 3k+2$ のとき，$m^2 = (3k+2)^2 = 9k^2 + 12k + 4 = 3(3k^2 + 4k + 1) + 1$
  これを 3 で割った余りは 1．

以上より，m が 3 の倍数 $\iff m^2$ が 3 の倍数

⇐ 合同式で書くと，mod 3 で
$m \equiv 0 \Rightarrow m^2 \equiv 0$
$m \equiv 1 \Rightarrow m^2 \equiv 1$
$m \equiv 2 \Rightarrow m^2 \equiv 4 \equiv 1$
なお，$m = 3k+2$ のかわりに $m = 3k-1$ とおく方がうまい．

(2) $m^2 = 27n + 18$ ……① を満たす m, n が存在すると仮定する．

①の右辺は 3 の倍数だから，m^2 は 3 の倍数である．よって (1) より m は 3 の倍数となり，$m = 3l$ (l は整数) とおける．これを①に代入して，
$$9l^2 = 27n + 18 \quad \therefore \quad l^2 = 3n + 2 \quad \cdots\cdots ②$$
②は l^2 を 3 で割った余りが 2 であることを意味しているが，(1) の過程より l^2 を 3 で割った余りは 0 か 1 だから②は成り立たない．よって示された．

⇐ 背理法で示す．

⇐ (1) の過程をまとめると，3 で割った余りについて

m	0	1	2
m^2	0	1	1

➡ 注 (2) のことを考えなければ，(1) は次のようにするのが早い．
m の素因数分解に 3 が現れる $\Longrightarrow m^2$ の素因数分解に 3 が現れる
m の素因数分解に 3 が現れない $\Longrightarrow m^2$ の素因数分解に 3 が現れない
だから，m が 3 の倍数 $\iff m^2$ が 3 の倍数

⚪11 演習題 (解答は p.83)

n を正の整数とする．次の問いに答えよ．
(1) n を 7 で割った余りが 2 または 4 であるとき，$n^2 + n + 1$ は 7 で割り切れることを示せ．
(2) $n^7 - n$ は 42 で割り切れることを示せ．

(関西大・総合情報)

$42 = 2 \cdot 3 \cdot 7$ なので，2, 3, 7 それぞれの剰余で分類して示す．$n^7 - n$ は $n^2 + n + 1$ を因数にもつ．

12 連続3整数の積

(1) 連続する2つの整数の積は2の倍数となることを示しなさい.
(2) 連続する3つの整数の積は6の倍数となることを示しなさい.
(3) 整数 n に対して, $2n^3+9n^2+13n$ は6の倍数となることを示しなさい.

(長崎県大)

連続する整数の積 連続する2つの整数のどちらかは2の倍数であり, 連続する3つの整数のどれかは3の倍数である(右図も参照). このことから(1)(2)が示される.

…○◎○◎○◎○◎○◎… [◎が2の倍数]
…○○●○○●○○●… [●が3の倍数]

値が常に6の倍数になる多項式 $n, n+1$ は連続する2つの整数であるから, $n(n+1)$ は n が整数のとき常に2の倍数である. $n-1, n$ も連続する2つの整数だから $(n-1)n$ も n が整数のとき常に2の倍数になる. 同様に,(2)から $n(n+1)(n+2)$ や $(n-1)n(n+1)$ は n が整数のとき常に6の倍数になる.(3)はこれらを組み合わせて問題の多項式を作ればよく, いろいろな解き方が考えられる. ここでは, 次数の高い方から順次消去していく.

解 答

(1) 連続する2つの整数のどちらかは2の倍数だから, それらの積は2の倍数である.

(2) 連続する3つの整数のいずれかは3の倍数だから, それらの積は3の倍数である. これと(1)から, 連続する3つの整数の積は6の倍数である.　　⇦3の倍数かつ2の倍数.

(3)
$$\begin{bmatrix} (2)より n(n+1)(n+2)=n^3+3n^2+2n は6の倍数, \\ n(n+1) は2の倍数 (いずれも n が整数のとき) \end{bmatrix}$$

$2n^3+9n^2+13n = \underline{2n(n+1)(n+2)}+3n^2+9n$
$\qquad\qquad\qquad = \underline{2n(n+1)(n+2)}+3n(n+1)+6n$

⇦ $2n(n+1)(n+2)$ は6の倍数だから与式からこれ $(2n^3+6n^2+4n)$ を引いた残り $(3n^2+9n)$ も6の倍数のはず.

(2)より ～～～ は6の倍数である. また, (1)より $n(n+1)$ は2の倍数だから $3n(n+1)$ は6の倍数である. 以上で示された.

➡ **注** (3)は次のように変形してもよい.
$2n^3+9n^2+13n = n(n+1)(n+2)+(n+1)(n+2)(n+3)-6$
$2n^3+9n^2+13n = (n-1)n(n+1)+n(n+1)(n+2)+6(n^2+2n)$

【別解】(2の倍数かつ3の倍数であることを示す)

2の倍数: $2n^3+9n^2+13n = \underbrace{2(n^3+4n^2+6n)}_{偶数}+\underbrace{n(n+1)}_{連続2整数}$　　⇦2の倍数をくくり出す.

3の倍数: $2n^3+9n^2+13n = 3(n^3+3n^2+4n)-n^3+n$
$\qquad\qquad\qquad\qquad = \underbrace{3(n^3+3n^2+4n)}_{3の倍数}-\underbrace{(n-1)n(n+1)}_{連続3整数}$　　⇦3の倍数をくくり出す.

○12 演習題 (解答は p.83)

自然数 n に対し,
$$f(n)=6n^5-15n^4+10n^3-n$$
とおく. このとき, 次の問に答えよ.
(1) $f(1), f(2), f(3)$ の値を求めよ.
(2) すべての自然数 n に対して, $f(n)$ は30で割り切れることを示せ.

(香川大・教, 農, 法)

(2)は2, 3, 5で割り切れることを言う. 連続5整数の積を作ってもよいし, 剰余による分類をしてもよい.

13 互除法

m と n を互いに素な整数として，$A=m+5n$, $B=3m+n$ とおく．また，A と B の最大公約数を d とする．
(1) d は $14m$ の約数であることを示せ．
(2) d は $14n$ の約数であることを示せ．
(3) d の最大値を求めよ．

公約数は生き残る A, B を自然数とし，d を A と B の公約数（の一つ）とすると $A=ad$, $B=bd$ と書ける（a, b は自然数）．このとき，整数 p, q に対して $pA+qB=(pa+qb)d$ は d を約数にもつ．つまり，A, B を足したり引いたりしても公約数は生き残る．例題ではこの事実を使う．

これを使うと，例えば n と $n+1$ の公約数は $(n+1)-n=1$ に生き残っているはず（つまり 1 の約数）だから「n と $n+1$ は互いに素」がわかる．

ユークリッドの互除法 A, B を自然数，$A>B$ とする．ここでは A と B の最大公約数を (A, B) という記号で表すことにし，$d=(A, B)$ とする．A を B で割った商を k とすれば，$A-kB$ ($=R$ とおく) は A を B で割った余りであり，さきに述べたことから d は R の約数である．これだけから d を求めることはできないが，B を復活させると $(A, B)=(B, R)$ ……☆ が成り立つ（証明などは p.88 のミニ講座）．なお，$(A, B)=(B, A-kB)$ は k が商でなくても（整数であれば）成り立つ．

これを用いて最大公約数を求めよう．(A, B) を (B, R) [すなわち (大, 小) を (小, 余り)] で置き換える操作（この操作をユークリッドの互除法という）を繰り返し，$R=0$ になったときの B が最大公約数である．$A=1073$, $B=493$ であれば

$$1073 \div 493 = 2 \text{ 余り } 87 \text{ より } (1073, 493) = (493, 87)$$
$$493 \div 87 = 5 \text{ 余り } 58 \text{ より } (493, 87) = (87, 58)$$
$$87 \div 58 = 1 \text{ 余り } 29 \text{ より } (87, 58) = (58, 29)$$
$$58 \div 29 = 2 \text{ 余り } 0 \text{ より } (58, 29) = (29, 0) = 29$$

となって，最大公約数 29 が求められる．

解答

(1) $A=ad$, $B=bd$ (a, b は整数) とおくと，$5B-A$ について
$5bd-ad = 5(3m+n)-(m+5n)$
∴ $(5b-a)d = 14m$
よって，d は $14m$ の約数である．

⇐ $A=m+5n$, $B=3m+n$ から n を消去．

(2) $3A-B$ について，$(3a-b)d=14n$ だから d は $14n$ の約数である．

⇐ A, B から m を消去．

(3) (1)(2) より d は $14m$ と $14n$ の公約数であり，m と n は互いに素であるから $14m$ と $14n$ の最大公約数は 14 である．よって d は 14 の約数であり，$d=14$ となることがあればそれが最大である．

$m=9$, $n=1$ とすると $A=14$, $B=28$ で $d=14$ になる．答えは **14**.

(1)(2) で $d=14$ とすると
$m=5b-a$, $n=3a-b$
ここで m と n が互いに素となる
⇐ ように $a=1$, $b=2$ とした．他の例としては，$a=4$, $b=1$, $m=1$, $n=11$, $A=56$, $B=14$

◆ 13 演習題 （解答は p.83）

a と b の最大公約数を (a, b) で表すとき，以下の問いに答えよ．
(1) $(2^{100}-1, 2^{78}-1) = (2^{78}-1, 2^{22}-1)$ であることを示せ．
(2) $(2^{78}-1, 2^{22}-1) = (2^{22}-1, 2^{12}-1)$ であることを示せ．
(3) $(2^{100}-1, 2^{78}-1)$ の値を求めよ．

(1) は前文の k として商をとる．(2) もほぼ同様．

14 $ax+by=c$

（1） $3m+5n=1$ を満たす整数 m, n の中で，$|m+n|$ を最小にする (m, n) の組をすべて求めよ．
(東邦大・医(看))

（2） $100m+29n=1$ を満たす整数 m, n を求めよ．

$ax+by=c$ の解き方 $c=0$ であれば簡単である．例えば「$3m+5n=0$ を満たす整数 m, n を求めよ」なら「$m=5k, n=-3k$（k は整数）」と即答できるだろう．この問題に限らず，定数項がなければ解けるというときは定数項のない形に帰着させて（変形して）解くことが多い．そして，そのやり方もほぼ決まっていて，「特殊解を見つけて元の式から引く」である．

例題で解説しよう．まず $3m+5n=1$ を満たす整数 m, n を 1 組見つける（これを特殊解という．何でもよいがなるべく絶対値の小さいもの）．見つけ方は自由だが，係数が大きい方の n に $0, \pm 1, \cdots$ と代入していくと早い．この例では $n=-1, m=2$，すなわち $3\cdot 2+5(-1)=1$ ……☆ となる．元の式から☆を辺々引くと，$3(m-2)+5(n+1)=0$ ……①．これより $m-2=5k, n+1=-3k$ となって解決する．答えは $(m, n)=(5k+2, -3k-1)$（k は整数）と書く．

①式は元の式を変形したものに他ならないから，1 組見つけて辺々引くを省略して与式を①に変形するところから始めてもよいが，いずれにしても①の形にするのがポイントと言える．

係数が大きいときは $100m+29n=1$ ……② など，係数が大きいときは m, n の組を見つけるのが容易ではない．このような場合は変数の置き換えをして係数が小さい方程式に帰着させるとよい．この例であれば（$100=29\times 3+13$ から）$29(3m+n)+13m=1$ と変形して $3m+n=l$ とおくと $29l+13m=1$ ……③ になる．これを満たす l, m が見つかれば $n=l-3m$ と計算できるが，もう 1 回，同じことを繰り返す方が見つけやすいだろう（続きは解答で）．なお，②の両辺を mod 29 で見ると $13m\equiv 1$ となり，③はこれに相当する式である．定数項が大きいときはこの見方をするとうまくいくことがある（☞演習題）．

▓解答▓

（1） $3m+5n=1$ より $3(m-2)+5(n+1)=0$ ……①
$5(n+1)$ は 5 の倍数で 3 と 5 は互いに素であるから，$m-2$ は 5 の倍数である．よって，$m-2=5k$（k は整数）とおき，これを①に代入して
$$3\cdot 5k+5(n+1)=0 \quad \therefore n+1=-3k \quad \therefore n=-3k-1$$
従って，$(m, n)=(5k+2, -3k-1)$（k は整数）

このとき $|m+n|=|2k+1|$ であり，これは $k=0, -1$ のときに最小値 1 をとるから，答えは $(m, n)=(2, -1), (-3, 2)$

⇦ 答案はこれでよい．この変形の裏には，前文で述べたような「m, n を 1 組見つけて元の式と辺々引く」過程がある．

⇦ $2k+1$ は奇数だから 0 にならない．よって，最小になるとき $|2k+1|=1, 2k+1=\pm 1$

（2） $100m+29n=1$ より $29(3m+n)+13m=1$
ここで $3m+n=l$ とおくと，$29l+13m=1$ ……③
③はさらに，$13(2l+m)+3l=1$ と書けるから，$2l+m=p$ とおくと，
$$13p+3l=1$$ ……④
④ $\iff 13(p-1)+3(l+4)=0$ なので，$p-1=3k, l+4=-13k$（k は整数）とおける．よって $p=3k+1, l=-13k-4$

従って，$m=p-2l=(3k+1)-2(-13k-4)=29k+9$
$n=l-3m=-13k-4-3(29k+9)=-100k-31$

答えは，$(m, n)=(29k+9, -100k-31)$（k は整数）

⇦ $100=29\times 3+13$

⇦ ④の解の 1 つは $p=1, l=-4$

◯14 演習題（解答は p.84）

（1） $25m+17n=1623$ を満たす正の整数の組 (m, n) を 1 つ求めなさい．

（2） $25m+17n=1623$ を満たす正の整数の組 (m, n) をすべて求めなさい．
(慶大・看)

前文参照．例えば mod 17 で考える．

15 中国剰余定理

5で割ると3余り，7で割ると6余る整数で，2009以下の整数全体で最大のものは，□である．
（金沢学院大）

余りの組から元の数を求める 5で割ると3余り，7で割ると6余る整数をnとしよう．余りの条件から，$n=5k+3$, $n=7l+6$（k, lは整数）とおける．この2式からnを消去すると，
$$5k+3=7l+6 \quad \therefore \quad 5k-7l=3 \cdots\cdots\cdots ☆$$
あとは前節と同様に☆を解いて（☆を満たすk, lの一つが$k=2$, $l=1$であることから，整数mを用いて$k=7m+2$, $l=5m+1$）nを求めればよい．

このように解くにしても結局は「解を1つ見つける」ことになるのであるから，最初から「5で割ると3余り，7で割ると6余る整数」を一つ見つけて解答のようにするのがよいだろう．

解答

7で割ると6余る整数 ………① は，6, 13, … だから，これと
5で割ると3余る整数 ………② をともに満たすものとして，13がある．

nを，①②をともに満たす整数とすると，$n-13$は7でも5でも割り切れるから，7と5の最小公倍数である35の倍数である．

よって，$n=13+35k$（kは整数）とおける．

$13+35k \leq 2009$ のとき $k \leq \dfrac{1996}{35}=57.\cdots$ であるから，これを満たす最大の整数kは57．よって，答えは
$$13+35\cdot 57=\mathbf{2008}$$

【研究】

①②をともに満たす整数は35ごとに現れることがわかったが，余りの組が$(3, 6)$でなくても同じことが成り立つ．つまり，5で割った余りがr_1, 7で割った余りがr_2（r_1は0～4, r_2は0～6）となる整数があればそのような整数は35ごとに現れる．これは，0～34の各整数に対する余りの組(r_1, r_2)は互いに異なることを意味している．一方，余りの組(r_1, r_2)は$5\times 7=35$通りしかないから，

　　0～34の整数
と　5で割った余りと7で割った余りの組(r_1, r_2)
は1対1に対応している．つまり，余りの組(r_1, r_2)が決まると35で割った余りが決まる．

中国剰余定理： m_1, m_2を互いに素な自然数（ただし，ともに2以上）とするとき，m_1で割った余りがr_1, m_2で割った余りがr_2（ただし，r_1, r_2は整数で $0\leq r_1 \leq m_1-1$, $0\leq r_2 \leq m_2-1$）となる整数は0以上 $m_1 m_2-1$ 以下の範囲にちょうど1個存在する．

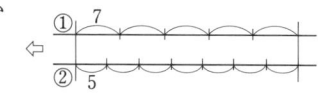

⇐ そうでないと35ごとにならない余りの組(r_1, r_2)がある．
⇐ どちらも35個．個数が一致することがポイント．

15 演習題（解答はp.84）

p, qを互いに素な正整数とする．

(1) 任意の整数xに対して，p個の整数 $x-q$, $x-2q$, $\cdots$, $x-pq$ をpで割った余りは相異なることを証明せよ．

(2) $x>pq$ なる任意の整数xは，適当な正整数a, bを用いて $x=pa+qb$ と表せることを証明せよ．
（奈良県医大）

(1) 背理法で示す．
(2) (1)のp個の余りが相異なるということは，…

16 有理数・無理数

$x^4-10x^2+1=0$ の解がすべて無理数であることを証明したい．
（1） $x^4-10x^2+1=0$ の解をすべて求めよ．（二重根号の形でよい）
（2） $\sqrt{6}$ を無理数と仮定すれば，（1）のすべての解が無理数となることを証明せよ．
（3） $\sqrt{6}$ は無理数であることを証明せよ．

（椙山女学園大）

無理数であることの証明 無理数とは，有理数でない実数のことであるから，無理数であることの証明は背理法（有理数であると仮定すると矛盾が生じる）が基本となる．有理数と仮定するので，例えば（3）なら $\sqrt{6}=\dfrac{q}{p}$ とおくのであるが，「p と q は互いに素な自然数」とするのが矛盾を導くためのポイントである．（2）のように「$\sqrt{6}$ が無理数」という前提があれば $\sqrt{6}=$（有理数）の形の式を作ることを目標にしよう．

解答

（1） 方程式は $(x^2)^2-10x^2+1=0$ であるから，
$$x^2=5\pm\sqrt{24}=5\pm2\sqrt{6} \quad (複号はどちらも正で適する)$$
$$\therefore \ x=\pm\sqrt{5\pm2\sqrt{6}} \quad (複号任意)$$

⇐ x^2 についての2次方程式．

⇐ $x=\pm(\sqrt{3}\pm\sqrt{2})$ となるが，こうしても（2）で2乗することになる．

（2） 解の中に有理数があったとして，それを r とおくと，$r=\pm\sqrt{5\pm2\sqrt{6}}$（±のうちのどれかが成立．以下同様）．よって $r^2=5\pm2\sqrt{6}$ であり，
$$\sqrt{6}=\pm\dfrac{1}{2}(r^2-5) \cdots\cdots ①$$
となる．ここで r は有理数だから r^2 も有理数であり，①の右辺は有理数である．これは $\sqrt{6}$ が無理数であることと矛盾するから仮定（有理数解は存在する）は正しくない．よって示された．

⇐ 有理数どうしの和・差・積・商は有理数．

（3） $\sqrt{6}$ が有理数であると仮定すると，互いに素な自然数 p, q を用いて $\sqrt{6}=\dfrac{q}{p}$ と書ける．分母を払って両辺を平方すると $6p^2=q^2$ $\cdots\cdots$②

②の左辺は偶数だから q も偶数となり，$q=2q'$（q' は自然数）と書ける．これを②に代入して各辺を2で割ると $3p^2=2q'^2$．同様に p も偶数となるが，これは p と q が互いに素であることと矛盾する．よって，$\sqrt{6}$ は無理数であることが示された．

⇐ p と q は互いに素という前提をおくことがポイント．

⇒**注** （3） ②以降，素因数分解の一意性を使うと，「②の各辺を素因数分解したときの2の指数を考えると，左辺が奇数で右辺が偶数だから矛盾する．」となる．

○16 演習題 （解答は p.84）

（1） $a+b\sqrt{2}$ が $x^2-2ax+a^2-2b^2=0$ の解であることを示せ．
（2） $\sqrt{2}, \sqrt{3}, \sqrt{6}$ が無理数であることを用いて，有理数 a, b, c が $a+b\sqrt{2}+c\sqrt{3}=0$ をみたせば $a=b=c=0$ であることを示せ．

（岐阜聖徳学園大・教）

（2）（1）を利用する．
$a+b\sqrt{2}=-c\sqrt{3}$
なので…

17 n 進法

(ア) $20111_{(3)}$, $4321_{(5)}$ をそれぞれ十進法で表せ.

(イ) N を自然数とする. N を二進法で表すと 8 桁でその下 2 桁が 01, 三進法で表すと 6 桁でその下 2 桁が 02 である. N を求めよ (十進法で表せ).

記数法 十進法では 10 ずつで位が 1 つ上がるが, n ずつで位が上がるように数を表すこともできる (n 進法 ; n は 2 以上の自然数). 実数 A を n 進法で表すとは,
$$A = a_k n^k + a_{k-1} n^{k-1} + \cdots + a_1 n + a_0 + b_1 n^{-1} + b_2 n^{-2} + \cdots$$
(各 a_i, b_i は 0 以上 $n-1$ 以下の整数) の形に表すことであり, 十進法と同様, 係数を並べて
$A = a_k a_{k-1} \cdots a_1 a_0 . b_1 b_2 \cdots_{(n)}$ と書く.

(イ)の条件から読み取れること 二進法で表すと 8 桁になることから, $10000000_{(2)} \leq N < 100000000_{(2)}$ すなわち $2^7 \leq N < 2^8$ であることがわかる ($2^8 \leq N < 2^9$ としないように. 2 桁 $10_{(2)} = 2^1$, 3 桁 $100_{(2)} = 2^2$ など小さい数で確認しよう). また, 下 2 桁の条件から
$N = \cdots + 0 \cdot 2 + 1 \cdot 1$ で, $\cdots$ の部分は $2^2 = 4$ の倍数だから, N を 4 で割った余りは 1 であることがわかる.
$\uparrow 2^1 \uparrow 2^0$

解 答

(ア) $20111_{(3)} = 2 \times 3^4 + 0 \times 3^3 + 1 \times 3^2 + 1 \times 3 + 1$
$= 2 \times 81 + 9 + 3 + 1 = \mathbf{175}$
$4321_{(5)} = 4 \times 5^3 + 3 \times 5^2 + 2 \times 5 + 1$
$= 4 \times 125 + 3 \times 25 + 2 \times 5 + 1 = \mathbf{586}$

(イ) N を二進法で表すと 8 桁であるから,
$10000000_{(2)} \leq N < 100000000_{(2)}$ ∴ $2^7 \leq N < 2^8$
よって, $128 \leq N < 256$
また, 二進法で表したときの下 2 桁が 01 だから N を 4 で割った余りは 1   ⇦ $2^2 = 4$ で割った余りが $01_{(2)}$
次に, N を三進法で表すと 6 桁であるから,
$100000_{(3)} \leq N < 1000000_{(3)}$ ∴ $3^5 \leq N < 3^6$
よって, $243 \leq N < 729$
また, 三進法で表したときの下 2 桁が 02 だから N を 9 で割った余りは 2   ⇦ $3^2 = 9$ で割った余りが $02_{(3)}$
以上より,
$\underline{243} \leq N \leq 255 \cdots\cdots$①, $N \equiv 1 \pmod 4 \cdots\cdots$②, $N \equiv 2 \pmod 9 \cdots\cdots$③   ⇦ 三進法表記から 243 は 9 の倍数.
①③を満たす N は 245, 254 で, このうち②を満たすものは **245** だから, これが答え.

⚪17 演習題 (解答は p.85)

(ア) $0.101_{(2)}$ を三進法で表せ.

(イ) $0 \leq a < 1$ とする. a を二進法で表しても三進法で表しても有限小数になるならば $a = 0$ であることを示せ.

(イ) 定義に従って書くと, $\cdots$

18 ガウス記号

実数 x に対して x をこえない最大の整数を $[x]$ で表すと，$x-1<[x]\leq x$ である．この記号を用いた方程式
$$x^2+18=9[x] \cdots\cdots(*)$$
に対して，次の(1)，(2)に答えよ．
(1) x が方程式 $(*)$ をみたせば，$3\leq x\leq 6$ であることを示せ．
(2) 方程式 $(*)$ をみたす x をすべて求めよ．

(京都教大)

ガウス記号の扱い方 問題文に書かれているように，x をこえない最大の整数 ($x>0$ のときは x の小数部分を切り捨てたもの．$x<0$ の例は演習題参照) を $[x]$ で表す．この記号は，大学受験ではガウス記号と呼ばれることが多い．定義から $[x]\leq x$ であり，切り捨てられる部分は 1 未満だから $x-1<[x]$ である．これより問題文の不等式が得られる．本問では，この不等式を使って x の範囲をしぼる．

与式を大ざっぱに眺めると x と $[x]$ は一致するとは限らないが，大きくは違わない．そこで，とりあえず $[x]≒x$ とみなして ($[x]$ を x で置き換えて) みると様子がつかめることが多い．本問では，$x^2+18=9x$ となり，これの解は $x=3,6$ であるから，元の方程式 $(*)$ の解もこの近辺にあるだろうという見当をつけることができる．これを厳密に議論したものが (1) である．

解答

(1) $x-1<[x]\leq x$ と $(*)$ より，
$$9(x-1)<x^2+18\leq 9x$$
左側について，$x^2-9x+27>0$ は $D=9^2-4\cdot 27<0$ より常に成立．
右側について，$x^2-9x+18\leq 0 \iff (x-3)(x-6)\leq 0$
よって，$3\leq x\leq 6$

⇐ 不等式の各辺を 9 倍して $9[x]$ に $(*)$ の左辺を代入した．

⇐ D は判別式．

(2) ・$3\leq x<4$ のとき，$[x]=3$ だから $(*)$ は $x^2+18=9\cdot 3$
よって，$x=3$
・$4\leq x<5$ のとき，$[x]=4$ だから $(*)$ は $x^2+18=36$
よって，$x=\sqrt{18}=3\sqrt{2}$ ($4\leq\sqrt{18}<5$ だから適する)
・$5\leq x<6$ のとき，$[x]=5$ だから $(*)$ は $x^2+18=45$
よって，$x=\sqrt{27}=3\sqrt{3}$ ($5\leq\sqrt{27}<6$ だから適する)
・$x=6$ のとき，$6^2+18=9\cdot 6$ で $(*)$ は成立．
以上より，$x=3, 3\sqrt{2}, 3\sqrt{3}, 6$

⇐ $[x]$ の値で分類する．

18 演習題 (解答は p.85)

実数 x に対して，$[x]$ は $n\leq x<n+1$ となる整数 n を表す．例えば，$[\sqrt{3}]=1$，$[-3.14]=-4$ である．
(1) $([x])^2+2[x]-3=0$ を満たす x の値の範囲を求めよ．
(2) $1\leq x<2$ の範囲で，$[3x]=3[x]$ となる例，$[3x]=3[x]+1$ となる例，$[3x]=3[x]+2$ となる例を 1 つずつあげよ．
(3) $[3x]-[x]=4$ を満たす x の値の範囲を求めよ．

(東京電機大)

(1) は $[x]$ の 2 次方程式．(2) は例をあげればよいが，$[3x]$ が $3[x]$，$3[x]+1$，$3[x]+2$ になる条件を求めると (3) につながる．

整数 演習題の解答

1…B***　　2…B**B**　　3…A○B*○
4…A○B*○　　5…A*A　　6…B**B***
7…B*○B***　　8…C***　　9…B**
10…B**B**○　　11…B***　　12…C***
13…B**　　14…B**　　15…C***
16…B***　　17…A*B**　　18…B***

1 左辺を因数分解，右辺を素因数分解する．答えを1つ見つけるだけならカンでできるだろうが，他にないことをきちんと示そう．

解 $2p^3qr+19p^2q^2r-10pq^3r=111111$
　　［右辺は $111\times1000+111=111\times1001$］
　　$pqr(2p^2+19pq-10q^2)=3\cdot37\cdot7\cdot11\cdot13$
　　∴ $pqr(2p-q)(p+10q)=3\cdot7\cdot11\cdot13\cdot37$ ………①

p, q, r は素数であるから，右辺の素因数のいずれかである．これと $p+10q>0$ より $2p-q>0$ である．
$2p-q=1$，すなわち $q=2p-1$ となるとすると，

p	3	7	11	13	37
$q=2p-1$	5	13	21	25	73

より $p=7$, $q=13$ でなければならないが，このときの①は，両辺を pq で割って，
　　$r\cdot(7+10\cdot13)=3\cdot11\cdot37$　∴ $137r=3\cdot11\cdot37$
となるので r が存在せず不適．

よって $2p-q>1$．また，$p+10q>1$ であるから，どちらも素因数を1つ以上もつ．①右辺の素因数が5個なので $2p-q$, $p+10q$ はともに素数である．ここで $q\geqq7$ とすると $p+10q\geqq70$ となって不適であるから，**$q=3$**．
従って，$p+10\cdot3=37$　∴ **$p=7$**
このとき $2p-q=11$ だから，**$r=13$**

⇒注 ①以降，p, q の組（20通り）すべてについて $p+10q$ を計算する，という方針でもできる．

2 （ア）例題前文の☆のようにおくとよい．
（イ）2数の公約数に着目する．546と1512を素因数分解すると似たような素因数があらわれるが…．

解 （ア）a, b の最大公約数を g とおくと，$a=gA$, $b=gB$ と書け，$A<B$ で A と B は互いに素な自然数である．このとき，a と b の最小公倍数は gAB

であるから，問題の条件より
　　$g+gAB=51$　∴ $g(1+AB)=51$
よって g は $51=3\cdot17$ の約数であり，また $1+AB\geqq2$ であるから，g は1, 3, 17 のいずれかである．

・$g=1$ のとき，$1+AB=51$　∴ $AB=50=2\cdot5^2$
A と B は互いに素だから，一方が 5^2 の倍数になることに注意すると，$A<B$ と合わせて［B が 5^2 の倍数］
　　$(A, B)=(1, 50), (2, 25)$
　　∴ $(a, b)=(1, 50), (2, 25)$

・$g=3$ のとき，$1+AB=17$　∴ $AB=16=2^4$
A, B が両方偶数にはならないので，
　　$(A, B)=(1, 16)$　∴ $(a, b)=(3, 48)$

・$g=17$ のとき，$1+AB=3$　∴ $AB=2$
　　$(A, B)=(1, 2)$　∴ $(a, b)=(17, 34)$

以上より，a, b は **4組**あり，最大の **a は17**．

（イ）2つの正の整数を A, B とする．
A と B の最小公倍数は $1512=2^3\cdot3^3\cdot7$ ………①
$A+B=546=2\cdot3\cdot7\cdot13$ ………②

①より，A, B の少なくとも一方は 2^3 の倍数である．これと②を合わせると，A, B の2の指数は一方が3，他方が1である（A, B の2の指数を3, r とするとき，$r\geqq2$ なら $A+B$ が 2^2 で割り切れ，$r=0$ なら $A+B$ が 2 で割り切れない）．

同様に，A, B の3の指数は一方が3，他方が1である．また，7の指数はともに1であり，①より 2, 3, 7 以外の素因数はもたない．

指数の条件から，A, B の組合せは［2^3 で割り切れる方の3の指数は1か3なので］
　　$\{2^3\cdot3\cdot7, 2\cdot3^3\cdot7\}, \{2^3\cdot3^3\cdot7, 2\cdot3\cdot7\}$
となるが，②を満たすのは前者である．答えは，
　　　　168, 378

⇒注 この程度の数であればシラミツブシに近い解き方も可能である．①より A, B の一方は $3^3=27$ の倍数であるから，和が546になる A, B の組合せは
　$\{27, 519\}, \{54, 492\}, \{81, 465\}, \cdots,$
　$\{513, 33\}, \{540, 6\}$
の20個しかない．さらに，この中で A, B の一方が $2^3=8$ の倍数であるものは，
　$\{162, 384\}, \{216, 330\}, \{378, 168\}, \{432, 114\}$
の4個．あとは個別調査（①のチェック）でもよいが，A, B の少なくとも一方は7の倍数であることから $\{378, 168\}$ に決まる．

3 （ア）a, b ともに2010の約数であるから，約数を2個ずつ組にすればよい．小さい数，例えば $ab=50$ で考えてみると様子がつかめる．

$$1,\ 2,\ 5,\ 10,\ 25,\ 50$$

（イ）（3）（4） $360=2^3 \cdot 3^2 \cdot 5$，$180=2^2 \cdot 3^2 \cdot 5$ より，360 の約数で 180 の約数でないものは，2 の指数が 3．
（5）は，（ア）の前文をよく見ると…

解 （ア） $2010=2 \cdot 3 \cdot 5 \cdot 67$ なので，約数の個数は
$$(1+1) \times (1+1) \times (1+1) \times (1+1) = 2^4 = 16$$
16 個の約数を小さい順に並べて両端から組み合わせると，$ab=2010$（$a<b$）をみたす a, b の組が得られる．

$$1,\ 2,\ 3,\ 5,\ \cdots\cdots\cdots,\ 402,\ 670,\ 1005,\ 2010$$

従って，答えは **8 組**．

（イ）（1）（2） $360=2^3 \cdot 3^2 \cdot 5$ であるから，約数の個数は $(3+1) \times (2+1) \times (1+1) = 4 \times 3 \times 2 = \mathbf{24}$

約数の和は，
$$(1+2+2^2+2^3) \times (1+3+3^2) \times (1+5)$$
$$= 15 \times 13 \times 6 = \mathbf{1170}$$

（3）（4） $180=2^2 \cdot 3^2 \cdot 5$ であるから，360 の約数であって 180 の約数でない数は，
$$2^3 \cdot 3^i \cdot 5^j,\quad i=0,1,2\ ;\ j=0,1$$
である．よって，そのような整数の個数は
$$3 \times 2 = \mathbf{6},$$
和は
$$2^3 \times (1+3+3^2) \times (1+5) = 8 \times 13 \times 6 = \mathbf{624}$$

（5） 360 の約数を小さい順に並べ，両端から組み合わせると，積が 360 になるような約数 2 個の組が

$$1,\ 2,\ 3,\ 4,\ 5,\ \cdots\cdots\cdots,\ 72,\ 90,\ 120,\ 180,\ 360$$

$24 \div 2 = 12$ 個できる．よって，360 のすべての約数の積は，
$$360^{12} = (2^3 \cdot 3^2 \cdot 5)^{12} = \mathbf{2^{36} \cdot 3^{24} \cdot 5^{12}}$$

4 （ア）（2） 「公約数が 1 以外にない」は数えにくいので，否定を考えて「21 との公約数が 1 以外にある」すなわち「3 または 7 で割り切れる」ものを数える．
（イ） 何で約分できる場合であるかを考える．2006 の素因数は 2, 17, 59 の 3 つだが，「2 で約分できるかどうかは関係ない」がポイント．

解 （ア）（1） $1000 \div 7 = 142$ 余り 6 より，1000 以下で 7 の倍数であるものは **142 個**．

（2） まず，21 との公約数が 1 以外にある，すなわち（$21=3 \cdot 7$ より）3 または 7 で割り切れるものの個数を数える．1～1000 のうち，
- 3 の倍数は，$1000 \div 3 = 333$ 余り 1 より 333 個
- 7 の倍数は，142 個
- 21 の倍数は，$1000 \div 21 = 47$ 余り 13 より 47 個

であるから，3 または 7 で割り切れるものは 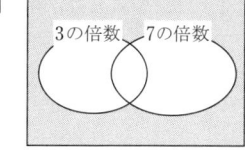
$$333 + 142 - 47 = 428\ 個．$$
よって，3 でも 7 でも割り切れないものは，
$$1000 - 428 = \mathbf{572}\ 個．$$

（イ）（1） $2006 = \mathbf{2 \times 17 \times 59}$

（2） 分子を n とする（$n=1, 2, \cdots, 2005, 2006$）．

約分されるもののうち，n と 2006 の最大公約数が 2 であるものは分母が 1003 なので不適．そうでないならば，n は 17 の倍数または 59 の倍数であり，このとき（17 または 59 で約分できるから）$2006 = 2 \times 17 \times 59$ より約分後の分母は（$2 \times 59 =$）118 の約数または 34 の約数なので 3 けた以下になる．

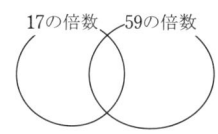

2006 以下の自然数のうち，17 の倍数であるものは $2 \cdot 59 = 118$ 個，59 の倍数であるものは $2 \cdot 17 = 34$ 個，$17 \cdot 59$ の倍数であるものは 2 個なので，求める個数は
$$118 + 34 - 2 = \mathbf{150}\ 個．$$

5 （ア）（1）は p.64 の☆がそのまま使える．（2）も ${}_{100}C_{50} = \dfrac{100!}{50!\,50!}$ だから $100!$, $50!$ が 3 で何回割れるかを求めればよく，☆で片づく．

（イ） $99!$ が $10(=2\times 5)$ で何回割れるか，という問題である（その回数が答え）が，10 は素数ではないから $p=10$ として☆を使うことはできない（☞ 注 2）．$99!$ が $2^m 5^n$ で割り切れるとして m と n を求める．

解 （ア）（1） $50!$ を素因数分解したときの 2 の指数は，$50<2^6$ に注意して
$$\left[\dfrac{50}{2}\right] + \left[\dfrac{50}{2^2}\right] + \left[\dfrac{50}{2^3}\right] + \left[\dfrac{50}{2^4}\right] + \left[\dfrac{50}{2^5}\right]$$
$$= 25 + 12 + 6 + 3 + 1 = \mathbf{47}$$

（2） ${}_{100}C_{50} = \dfrac{100!}{50!\,50!}$ である．$100!$ を素因数分解したときの 3 の指数は，
$$\left[\dfrac{100}{3}\right] + \left[\dfrac{100}{3^2}\right] + \left[\dfrac{100}{3^3}\right] + \left[\dfrac{100}{3^4}\right]$$
$$= 33 + 11 + 3 + 1 = 48$$

$50!$ を素因数分解したときの 3 の指数は，
$$\left[\dfrac{50}{3}\right] + \left[\dfrac{50}{3^2}\right] + \left[\dfrac{50}{3^3}\right] = 16 + 5 + 1 = 22$$

よって，${}_{100}\mathrm{C}_{50}$ を素因数分解したときの3の指数は，
$$48-22\times 2 = \mathbf{4}$$
（イ）99! を素因数分解したときの2の指数は，
$$\left[\frac{99}{2}\right]+\left[\frac{99}{2^2}\right]+\left[\frac{99}{2^3}\right]+\left[\frac{99}{2^4}\right]+\left[\frac{99}{2^5}\right]+\left[\frac{99}{2^6}\right]$$
$$=49+24+12+6+3+1=95$$

5の指数は，$\left[\frac{99}{5}\right]+\left[\frac{99}{5^2}\right]=19+3=22$

よって，99! は $2^{95}\cdot 5^{22}(=10^{22}\cdot 2^{73})$ で割り切れるから，10^{22} で割り切れる（10^{23} では割り切れない）．従って，99! の末尾には 0 が **22個**並ぶ．

➡ **注1** 前文の m と n を比べると，明らかに $m>n$ である．これを断っておけば，5の指数を求めてそれを答えとしてもよい．

➡ **注2** 例えば 9! が10で何回割れるか，というとき，（☆を用いて）$\left[\frac{9}{10}\right]=0$ だから 0 回，とはならない．9! には 2×5 が入っているので1回割れる．

6 （ア）2解を α, β とおき，解と係数の関係を書く．k を消去すると例題の（ア）と同じ形になるが，問題文に「2解とも整数」とは書かれていないことに注意．しかし実は「2解とも整数」が導ける．なお，k の方程式とみて「k は整数」の条件を使うこともできる（厳密には数IIの範囲．☞ 別解）．

（イ）因数分解型（定数を調整する）だが，どうやって因数分解するかが問題．x^2+x を平方完成する（分母はあとで払う）と 2 乗の差の形が見えるだろう．

解 （ア）$x^2-2(k-1)x-4k+3=0$ の2解を α, β （$\alpha \leqq \beta$）とおくと，解と係数の関係から
$$\alpha+\beta=2(k-1) \cdots\cdots ①, \quad \alpha\beta=-4k+3 \cdots\cdots ②$$

①より，（k が整数なので）α, β の一方が整数なら他方も整数である．

①×2+②で k を消去すると，
$$2(\alpha+\beta)+\alpha\beta=-4+3$$
$$\therefore \alpha\beta+2\alpha+2\beta=-1$$
$$\therefore (\alpha+2)(\beta+2)=3$$

$\alpha\leqq\beta$, すなわち $\alpha+2\leqq\beta+2$ なので，
$$(\alpha+2, \beta+2)=(-3, -1), (1, 3)$$
$$\therefore (\alpha, \beta)=(-5, -3), (-1, 1)$$

$(\alpha, \beta)=(-5, -3)$ のとき，①より
$$-8=2(k-1) \quad \therefore k=-3$$
$(\alpha, \beta)=(-1, 1)$ のとき，①より
$$0=2(k-1) \quad \therefore k=1$$

以上より，$\mathbf{k=-3, 1}$

別解 [k の方程式とみる．与式を k について整理し，]
$$x^2+2x+3=2k(x+2)$$
$$\therefore 2k=\frac{x^2+2x+3}{x+2}=\frac{x(x+2)+3}{x+2}=x+\frac{3}{x+2}$$

整数の定数 k と整数解 x に対して上式が成り立つので，〰〰 は整数である．従って $x+2$ は 3 の約数（負も含む）となり，$x+2=1, -1, 3, -3$
$$\therefore x=-1, -3, 1, -5$$

それぞれ $k=\frac{1}{2}\left(x+\frac{3}{x+2}\right)$ を計算すると，
$k=1, -3, 1, -3$ なので $\mathbf{k=1, -3}$

（イ）$x^2+x-(a^2+5)=0$ を x について平方完成して，
$$\left(x+\frac{1}{2}\right)^2-\frac{1}{4}-a^2-5=0$$

分母を払うと，
$$(2x+1)^2-4a^2=21$$
$$\therefore (2x+1+2a)(2x+1-2a)=21$$

ここで，$A=2x+2a+1, B=2x-2a+1$ とおく．
x, a は自然数であるから，A, B は整数で $A>0, A>B$ である．よって，
$$(A, B)=(7, 3), (21, 1)$$
$A-B=4a, A+B=4x+2$ より，
$$(4a, 4x+2)=(4, 10), (20, 22)$$
$$\therefore (\boldsymbol{a}, \boldsymbol{x})=(\mathbf{1, 2}), (\mathbf{5, 5})$$

➡ **注** このような問題では，x について解いてしまってもよい．（ア）は，
$$x=(k-1)\pm\sqrt{(k-1)^2-(-4k+3)}$$
で，$\sqrt{\ }$ の中は k^2+2k-2 が平方数だから
$$k^2+2k-2=l^2 \quad \therefore (k+1)^2-l^2=3$$
$$\therefore (k+1+l)(k+1-l)=3 \quad \text{[以下略]}$$
（イ）は，$x=\dfrac{-1\pm\sqrt{1^2+4(a^2+5)}}{2}$
で，$\sqrt{\ }$ の中 $4a^2+21$ は平方数でなければならない．
$$4a^2+21=m^2 \quad \therefore m^2-4a^2=21$$
$$\therefore (m+2a)(m-2a)=21 \quad \text{[以下略]}$$

7 （ア）前問の（ア）と違い，「2解とも整数」は導けない．そこで前問の注と同様に x について解くが，整数の条件を直接扱うのは難しい（注も参照）．そこで $\sqrt{\ }$ がはずれる，すなわち $\sqrt{\ }$ の中が平方数であることから a の値をしぼる．

（イ）1つの文字について平方完成するのが第一手．y^2 の係数が 1 なので y について平方完成する．

解 （ア）$ax^2+10x+a=0$ の解は，
$$x=\frac{-5\pm\sqrt{25-a^2}}{a} \cdots\cdots ①$$
である．整数解をもつ（つまり ± の少なくとも一方に

対して x が整数となる）ためには，$\sqrt{25-a^2}$ が整数にならなければならない．特に $25-a^2\geqq 0$ であるから，$1\leqq a\leqq 5$ である．

- $a=1$ のとき，$\sqrt{24}=2\sqrt{6}$ は整数ではない．
- $a=2$ のとき，$\sqrt{21}$ は整数ではない．
- $a=3$ のとき，①は $x=\dfrac{-5\pm 4}{3}=-\dfrac{1}{3},\ -3$ なので，整数解 -3 をもつ．
- $a=4$ のとき，①は $x=\dfrac{-5\pm 3}{4}=-\dfrac{1}{2},\ -2$ なので，整数解 -2 をもつ．
- $a=5$ のとき，①は $x=\dfrac{-5\pm 0}{5}=-1$ で適する．

以上より，答えは **$a=3,\ 4,\ 5$**

⇒**注** $25-a^2\geqq 0$ が例題の 判別式$\geqq 0$ に相当するが，この問題では①の分母に a があるため，$\sqrt{25-a^2}$ が整数になっても x が整数にならない可能性がある．そのため，実際に解いて整数解をもつことを確かめる必要がある．

（イ）
$$2x^2+y^2+2z^2+2xy-2xz-2yz-11$$
$$=y^2+2(x-z)y+2x^2+2z^2-2xz-11$$
$$=(y+x-z)^2-(x-z)^2+2x^2+2z^2-2xz-11$$
$$=(y+x-z)^2+x^2+z^2-11$$

より，与えられた方程式は
$$x^2+z^2+(y+x-z)^2=11$$

$x^2,\ z^2,\ (y+x-z)^2$ はいずれも整数の 2 乗だから，$0,\ 1,\ 4,\ 9(\leqq 11)$ のいずれかである．これらの数 3 つ（重複可）の和で 11 になるものは $9+1+1$ のみであるから，$x\geqq 1,\ z\geqq 1$ に注意すると，
$$(x,\ z,\ |y+x-z|)$$
$$=(3,\ 1,\ 1),\ (1,\ 3,\ 1),\ (1,\ 1,\ 3)$$

- $x=3,\ z=1,\ |y+x-z|=1$ のとき，$|y+2|=1$ であるが，これを満たす正の整数 y は存在しない．
- $x=1,\ z=3,\ |y+x-z|=1$ のとき，$|y-2|=1$ より $y=1,\ 3$
- $x=1,\ z=1,\ |y+x-z|=3$ のとき，$|y|=3$ より $y=3$

以上より，
$$(x,\ y,\ z)=(1,\ 1,\ 3),\ (1,\ 3,\ 3),\ (1,\ 3,\ 1)$$

⇒**注** 与式を y の方程式とみてもよい．
$$y^2+2(x-z)y+2x^2+2z^2-2xz-11=0$$
$$\text{（判別式）}/4=(x-z)^2-(2x^2+2z^2-2xz-11)$$
$$=11-x^2-z^2\ \cdots\cdots\cdots ☆$$

これが 0 以上だから $x^2=1,\ 4,\ 9;\ z^2=1,\ 4,\ 9$
これらを代入して☆が平方数になるものを探す．

8 （1） 例題と同様．50 円玉に制約があるので 50 円玉の枚数を先に決めるとよい．
（2） とりあえず（1）で求めたものについて硬貨の枚数の合計を計算してみる．法則が見つかれば（3）を解く手がかりになる．別解も参照

解 （1） 100 円玉を x 枚，50 円玉を y 枚，10 円玉を z 枚用いるとすると，
$$100x+50y+10z=500$$
$$\therefore\ 10x+5y+z=50\ \cdots\cdots\cdots ①$$

- $y=0$ のとき，①は $10x+z=50$
  $x=0,1,2,3,4,5$ の 6 通り．
- $y=1$ のとき，①は $10x+z=45$
  $x=0,1,2,3,4$ の 5 通り．
- $y=2$ のとき，①は $10x+z=40$
  $x=0,1,2,3,4$ の 5 通り．

以上より，$6+5+5=$**16 通り**．

（2） 硬貨の枚数の合計を $s=x+y+z$ とする．

- $y=0$ のとき，$z=50-10x,\ s=x+z=50-9x$
  $x=0\sim 5$ のそれぞれに対して
  $$s=50,41,32,23,14,5$$
- $y=1$ のとき，$z=45-10x,\ s=x+1+z=46-9x$
  $x=0\sim 4$ のそれぞれに対して
  $$s=46,37,28,19,10$$
- $y=2$ のとき，$z=40-10x,\ s=x+2+z=42-9x$
  $x=0\sim 4$ のそれぞれに対して
  $$s=42,33,24,15,6$$

以上の s の値はすべて異なるので題意は成り立つ．

（3） ［上の式を観察すると，y を決めたとき $s=\square-9x$ の形になって，$\square$ は y を 1 増やすと 4 減る．そこで，$\square$（$x=0$ のときの s の値）を $y=3$ から計算すると $38,34,30,\cdots$．この中（4 で割った余りが 2）に上の $y=0\sim 2$ にあらわれるものがあるかを調べると 14 が見つかる．$(50-14)\div 4=9$ より $y=9$］

100 円玉 4 枚，50 円玉 0 枚，10 円玉 10 枚
と 100 円玉 0 枚，50 円玉 9 枚，10 円玉 5 枚

⇒**注** （3）は他に $s=10$ の例があり（この 2 つだけ）
  100 円玉 4 枚，50 円玉 1 枚，10 円玉 5 枚
  100 円玉 0 枚，50 円玉 10 枚，10 円玉 0 枚

別解 （2）（3） （記号は上と同じ）
①から z を消去して，
$$s=x+y+(50-10x-5y)=50-9x-4y$$
$s=50-9x-4y=50-9x'-4y',\ x<x'$ とすると，
$$9(x'-x)=4(y-y'),\ x'-x>0$$
これより $x'-x$ は 4 の倍数で $0\leqq x\leqq 5,\ 0\leqq x'\leqq 5$ だから［$x,\ x'$ は 100 円玉の枚数］

$(x, x')=(0, 4), (1, 5)$
$y-y'=9$

である．ここで $x=1$ とすると，
$$z=50-10-5y\geq 0 \quad \therefore \quad y\leq 8$$
より $y-y'=9$ は成り立たないから，
$$(x, x')=(0, 4), (y, y')=(9, 0), (10, 1)$$
従って（3）の例は上記の2つであり，（2）も示された．

9 大小の条件を活用しよう．$a<b$，$a<b<c$ なので a がある程度大きいと逆数の和は大きくなれない．

解（1）$a=1$ は明らかに不適なので，$a\geq 2$．このとき $b>a$ より $b\geq 3$ だから，
$$\frac{1}{a}+\frac{1}{b}\leq \frac{1}{2}+\frac{1}{3}=\frac{5}{6}$$
等号は $a=2$，$b=3$ で成立するので示された．

（2）$a\geq 3$ のときは $a<b<c$ より $b\geq 4$，$c\geq 5$ だから，
$$\frac{1}{a}+\frac{1}{b}+\frac{1}{c}\leq \frac{1}{3}+\frac{1}{4}+\frac{1}{5}=\frac{20+15+12}{60}$$
$$=\frac{47}{60}<\frac{41}{42}$$
以下，$a=2$ とする．このとき $b\geq 3$ であって，
$$\frac{1}{a}+\frac{1}{b}+\frac{1}{c}<1 \text{ より } \frac{1}{b}+\frac{1}{c}<\frac{1}{2} \quad \cdots\cdots\text{①}$$

・$b=3$ のとき，①は $\frac{1}{c}<\frac{1}{6}$ であるから $c\geq 7$ であり
$$\frac{1}{a}+\frac{1}{b}+\frac{1}{c}\leq \frac{1}{2}+\frac{1}{3}+\frac{1}{7}=\frac{21+14+6}{42}=\frac{41}{42}$$
等号は $a=2$，$b=3$，$c=7$ で成立する．

・$b\geq 4$ のとき $c\geq 5$ だから
$$\frac{1}{a}+\frac{1}{b}+\frac{1}{c}\leq \frac{1}{2}+\frac{1}{4}+\frac{1}{5}$$
$$=\frac{10+5+4}{20}=\frac{19}{20}<\frac{41}{42}$$
以上で示された．

➡**注** （2）の a，b は結果的には（1）で最大値をとる a，b の値と一致するが，明らかではない．よって，（2）で「（1）より $a=2$，$b=3$ としてよい」とはできず，上のようにすべての場合を尽くす必要がある．

10 （ア）91^1，91^2，91^3，… を 100 で割った余り（下 2 桁）を順次計算していくとどこかで繰り返しがあらわれる．

（イ） 例題などと同様，3^n を 7 で割った余り $f(n)$ は繰り返す．まずこの「繰り返し」を求める．仮に $f(n)$ が 4 つごとに同じ値をとる（周期 4）とすると，$f(n)$ は n を 4 で割った余りで決まる．

解（ア）ここでは mod 100 で考え，(mod 100) は省略する．

$91^1\equiv 91$, $\quad 91^2\equiv 91\cdot 91=8281\equiv 81$,
$91^3\equiv 91^2\cdot 91\equiv 81\cdot 91=7371\equiv 71$,
$91^4\equiv 71\cdot 91=6461\equiv 61$, $91^5\equiv 61\cdot 91=5551\equiv 51$,
$91^6\equiv 51\cdot 91=4641\equiv 41$, $91^7\equiv 41\cdot 91=3731\equiv 31$,
$91^8\equiv 31\cdot 91=2821\equiv 21$, $91^9\equiv 21\cdot 91=1911\equiv 11$,
$91^{10}\equiv 11\cdot 91=1001\equiv 1$, $91^{11}\equiv 91$

91^n の下 2 桁は以上の 10 個の値を繰り返すから，
$$91^{91}\equiv 91^1\equiv \mathbf{91}$$

➡**注** $91^5\equiv 51$ から $91^{10}\equiv 51\cdot 51=2601\equiv 1$ とショートカットしてもよい．また，$91\equiv -9$ だから $91^2\equiv (-9)^2\equiv 81$ のようにもできる．

（イ）（1） mod 7 で
$$f(n+1)\equiv 3^{n+1}=3\cdot 3^n\equiv 3f(n)$$
であるから，$f(n+1)$ は $3f(n)$ を 7 で割った余りに等しい．順次計算すると，
$$f(1)=3, \mathbf{f(2)=2} \quad [3\times 3=9 \text{ を 7 で割った余り}]$$
$$f(3)=6, \mathbf{f(4)=4}, f(5)=5, \mathbf{f(6)=1}$$

（2） $f(7)=3=f(1)$ より $f(n)$ は $f(1)=3\sim f(6)=1$ の異なる 6 個の値を繰り返す．

よって，$f(a)=f(b)$ となるのは a と b を 6 で割った余りが等しいときに限られる．つまり，
$$f(a)=f(b) \iff a\equiv b \pmod 6$$

（i）$f(17x)=f(4) \iff 17x\equiv 4 \pmod 6$

$17x\equiv 5x \pmod 6$ である．$x=1, 2, \cdots, 6$ のとき $5x$ は 5, 10, 15, 20, 25, 30 で，これらを 6 で割った余りは順に 5, 4, 3, 2, 1, 0 となるから，答えは
$$\mathbf{x=2}$$

（ii）$f(5y)=f(y+10) \iff 5y\equiv y+10 \pmod 6$
$$\iff 4y\equiv 4 \pmod 6$$
$y=1, 2, \cdots, 6$ のとき $4y$ は 4, 8, 12, 16, 20, 24 で，これらを 6 で割った余りは順に 4, 2, 0, 4, 2, 0 だから，答えは $\mathbf{y=1, 4}$

（iii）$f(z^2+3)=f(4) \iff z^2+3\equiv 4 \pmod 6$
$$\iff z^2\equiv 1 \pmod 6$$
$z=1, 2, \cdots, 6$ のとき z^2 は 1, 4, 9, 16, 25, 36 で，これらを 6 で割った余りは順に 1, 4, 3, 4, 1, 0 だから，答えは $\mathbf{z=1, 5}$

➡**注** （2）（i）は，$17x\equiv -x$ に着目して
$$-x\equiv 4 \pmod 6 \quad \therefore \quad x\equiv -4\equiv 2 \pmod 6$$
これより $x=2$ とできる．
（ii）は，$4y\equiv 4 \pmod 6$ の両辺を 4 で割って $y\equiv 1 \pmod 6$ としてはいけない．

11 （2） $42=2\cdot3\cdot7$ より，2，3，7それぞれの剰余で分類して示す．n^7-n を因数分解しておくと早い．因数の1つが（1）の n^2+n+1 である．

解 （1） $n\equiv2\pmod 7$ のとき，
$$n^2+n+1\equiv2^2+2+1=7\equiv0\pmod 7$$
$n\equiv4\pmod 7$ のとき，
$$n^2+n+1\equiv4^2+4+1\equiv2+4+1\equiv0\pmod 7$$
よって示された．

（2） $N=n^7-n$ とおく．$42=2\cdot3\cdot7$ であるから，N が2の倍数，N が3の倍数，N が7の倍数の3つを示せばよい．
$$N=n^7-n=n(n^6-1)=n(n^3+1)(n^3-1)$$
$$=n(n+1)(n^2-n+1)(n-1)(n^2+n+1)\quad\cdots\text{①}$$

（ⅰ）N が2の倍数であることの証明：

n が偶数のときは①の n，奇数のときは $n+1$ が2の倍数だから N は2の倍数である．

（ⅱ）N が3の倍数であることの証明：

$n\equiv0\pmod 3$ のときは①の n，$n\equiv1$ のときは①の $n-1$，$n\equiv2$ のときは①の $n+1$ が3の倍数だから N は3の倍数である．

（ⅲ）N が7の倍数であることの証明：

・$n\equiv0\pmod 7$ のときは①$\equiv0\pmod 7$
・$n\equiv1$ のときは $n-1\equiv0$ なので①$\equiv0$
・$n\equiv2$，4 のときは（1）より $n^2+n+1\equiv0$
・$n\equiv3$ のときは $n^2-n+1\equiv9-3+1\equiv0$
・$n\equiv5$ のときは $n^2-n+1\equiv25-5+1\equiv0$
・$n\equiv6$ のときは $n+1\equiv0$

よって，N は7の倍数である．

以上で示された．

12 （2） $30=2\cdot3\cdot5$ より，2，3，5で割り切れることを言う．5で割り切れることについては，連続5整数の積を作ってもよいし，剰余による分類をしてもよいが，例題の別解のように（2の倍数，3の倍数などをくくり出して）係数を小さくしておくとラクに示せる．

解 （1） $f(1)=6-15+10-1=\mathbf{0}$
$$f(2)=6\cdot2^5-15\cdot2^4+10\cdot2^3-2$$
$$=192-240+80-2=\mathbf{30}$$
$$f(3)=6\cdot3^5-15\cdot3^4+10\cdot3^3-3$$
$$=1458-1215+270-3=\mathbf{510}$$

（2） $f(n)=6n^5-15n^4+10n^3-n$ が2，3，5で割り切れることを示す．
$$f(n)=2(3n^5-8n^4+5n^3)+n^4-n$$
$$=\underbrace{2(3n^5-8n^4+5n^3)}_{2\text{の倍数}}+\underbrace{n(n-1)(n^2+n+1)}_{\text{連続2整数}}$$
より $f(n)$ は2の倍数である．
$$f(n)=3(2n^5-5n^4+3n^3)+n^3-n$$
$$=\underbrace{3(2n^5-5n^4+3n^3)}_{3\text{の倍数}}+\underbrace{(n-1)n(n+1)}_{\text{連続3整数}}$$
より $f(n)$ は3の倍数である．
$$f(n)=5(n^5-3n^4+2n^3)+n^5-n\quad\cdots\cdots\cdots\text{☆}$$
$\begin{bmatrix}n^5-n\text{ が5の倍数であることを，連続5整数の積を}\\\text{用いて示す．}\end{bmatrix}$
であり，
$$(n-2)(n-1)n(n+1)(n+2)$$
$$=(n-2)(n+2)\cdot(n-1)(n+1)\cdot n$$
$$=(n^2-4)(n^2-1)n=n^5-5n^3+4n\quad\cdots\cdots\text{①}$$
だから，$n^5-n=\text{①}+5(n^3-n)$ である．
$$f(n)=5(n^5-3n^4+2n^3)$$
$$+(n-2)(n-1)n(n+1)(n+2)+5(n^3-n)$$
よって，$f(n)$ は5の倍数である．

$30=2\cdot3\cdot5$ であるから，以上で示された．

別解 ［（2）の5の倍数の部分．☆のあと，剰余で分類する］

$n^5-n\equiv0\pmod 5$ を示せばよい．

$n\equiv0\pmod 5$ のときは成り立つ．

$n\equiv\pm1\pmod 5$ のとき，
$$n^5-n=n(n^4-1)\equiv n(1-1)\equiv0\pmod 5$$
$n\equiv\pm2\pmod 5$ のとき，
$$n^5-n=n(n^4-1)\equiv n(16-1)\equiv0\pmod 5$$
よって，$f(n)$ は5の倍数である．

☞**注** 解方式，別解方式いずれの場合も，連続5整数や5の剰余を（0～4ではなく）-2～2にすると数値が小さくてすむ．

13 （2）は $2^{78}-1$ を $2^{22}-1$ で割った商を求めることもできる（☞注）が，無理に求める必要はない．一般に
$$(A,B)=(B,A-kB)\quad(k\text{ は整数})$$
が成り立つことを利用しよう（p.88のミニ講座も参照）

解 （1） ［$2^{100}-1$ を $2^{78}-1$ で割った商は 2^{22}］
$$2^{100}-1-2^{22}(2^{78}-1)=2^{22}-1$$
であるから，
$$(2^{100}-1,\ 2^{78}-1)=(2^{78}-1,\ 2^{22}-1)$$

（2） $2^{78}-1-2^{56}(2^{22}-1)=2^{56}-1$ より
$$(2^{78}-1,\ 2^{22}-1)=(2^{22}-1,\ 2^{56}-1)$$
$2^{56}-1-2^{34}(2^{22}-1)=2^{34}-1$ より

$(2^{56}-1,\ 2^{22}-1)=(2^{22}-1,\ 2^{34}-1)$
$2^{34}-1-2^{12}(2^{22}-1)=2^{12}-1$ より
$(2^{34}-1,\ 2^{22}-1)=(2^{22}-1,\ 2^{12}-1)$
よって示された．

➡注 $2^{78}-1$ を $2^{22}-1$ で割った商は 2^{56} ではない．
上の計算から，
$2^{78}-1=2^{56}(2^{22}-1)+2^{56}-1$
$\quad =2^{56}(2^{22}-1)+2^{34}(2^{22}-1)+2^{34}-1$
$\quad =2^{56}(2^{22}-1)+2^{34}(2^{22}-1)+2^{12}(2^{22}-1)+2^{12}-1$
$\quad =(2^{56}+2^{34}+2^{12})(2^{22}-1)+2^{12}-1$
よって，$[0<2^{12}-1<2^{22}-1$ で$]$ $2^{78}-1$ を $2^{22}-1$ で割った商は $2^{56}+2^{34}+2^{12}$，余りは $2^{12}-1$

(3) (1)(2)より $(2^{22}-1,\ 2^{12}-1)$ を求めればよい．
同様に続けると，
$(2^{22}-1,\ 2^{12}-1)=(2^{12}-1,\ 2^{10}-1)$
$\qquad\qquad\qquad =(2^{10}-1,\ 2^2-1)=(2^{10}-1,\ 3)$
ここで，$2^{10}-1$ を 3 で割った余りを調べると，
$2^{10}-1\equiv 4^5-1\equiv 1^5-1\equiv 0\ (\mathrm{mod}\ 3)$
よって，$(2^{100}-1,\ 2^{78}-1)=\mathbf{3}$

【研究】 一般に，$m,\ n$ を自然数，$d=(m,\ n)$ とするき，$(2^m-1,\ 2^n-1)=2^d-1$ ……☆
が成り立つ．

上の解答から，指数部分が m と n の互除法の計算になっている（それゆえに☆が成り立つ）ことが読み取れるだろう．

14 (1) $m=0,\ \pm 1$ と調べていくとすぐにアタリが出るが，mod 17 で考えてみる．
(2) 例題と同様である．

解 (1)(2) $25m+17n=1623$ ……①
①を mod 17 で見ると，$1623\div 17=95$ 余り 8 より
$\quad 8m\equiv 8\ (\mathrm{mod}\ 17)$
$m=1$ とすると，$n=(1623-25)\div 17=94$
従って，①の解の一つは $(m,\ n)=(1,\ 94)$
これを①に代入して，$25\cdot 1+17\cdot 94=1623$ ……②
①-②より，
$\quad 25(m-1)+17(n-94)=0$
25 と 17 は互いに素だから，k を整数として
$\quad m-1=17k,\ n-94=-25k$
とおける．よって，
$\quad (m,\ n)=(17k+1,\ 94-25k)$
$m>0$ となるとき $k\geqq 0$，$n>0$ となるとき $k\leqq 3$ であるから，求める $m,\ n$ の組は
$(\boldsymbol{m,\ n})=(\mathbf{1,\ 94}),\ (\mathbf{18,\ 69}),\ (\mathbf{35,\ 44}),\ (\mathbf{52,\ 19})$

15 (1) 背理法で示す．同じ余りがあったとすると…
(2) p で割った余りは $0\sim p-1$ の p 個である．

解 (1) 背理法で示す．
$x-q,\ x-2q,\ \cdots,\ x-pq$ の中に p で割った余りが同じになるものがあったとして，それを $x-mq,\ x-nq$ とおく．このとき，
$\quad (x-mq)-(x-nq)\equiv 0\ (\mathrm{mod}\ p)$
$\quad \therefore\ (n-m)q\equiv 0\ (\mathrm{mod}\ p)$
p と q は互いに素だから，$n-m\equiv 0\ (\mathrm{mod}\ p)$ となるが，$1\leqq n\leqq p,\ 1\leqq m\leqq p,\ n\neq m$ であることと矛盾する．
よって示された．

(2) p で割った余りは $0\sim p-1$ の p 個であり，p 個の整数 $x-q,\ x-2q,\ \cdots,\ x-pq$ を p で割った余りはすべて異なるので，この余りは $0\sim p-1$ が 1 個ずつである．特に余り 0 となるものがあるから，それを $x-bq$ とする．
$x>pq$ と $1\leqq b\leqq p$ より $x-bq>0$ である．
$x-bq$ は p の倍数だから，
$\quad x-bq=ap$ （a は正整数）
とおける．
以上で，正整数 $a,\ b$ を用いて $x=pa+qb$ と表せることが示された．

➡注 (2) で $x>pq$ という条件をはずすと，結論は $x=pa+qb$ を満たす整数 $a,\ b$ が存在する
［正整数⇒整数］となる．
なお，この問題と中国剰余定理の関連などは，ミニ講座（p.88）を参照．

16 (2) $a+b\sqrt{2}=-c\sqrt{3}$ であるから，(1)の方程式が $-c\sqrt{3}$ を解にもつことになる．解だから代入して「$a=b=c=0$ でなければ矛盾」を導く（背理法）．

解 (1) $x=a+b\sqrt{2}$ のとき，$x-a=b\sqrt{2}$
両辺 2 乗して $(x-a)^2=(b\sqrt{2})^2$
$\quad \therefore\ x^2-2ax+a^2-2b^2=0$
よって示された．

(2) 有理数 $a,\ b,\ c$ が $a+b\sqrt{2}+c\sqrt{3}=0$ をみたしているとする．このとき，$a+b\sqrt{2}=-c\sqrt{3}$ であるから，$x^2-2ax+a^2-2b^2=0$ は $x=-c\sqrt{3}$ を解にもつ．よって，
$\quad (-c\sqrt{3})^2-2a(-c\sqrt{3})+a^2-2b^2=0$
$\quad \therefore\ 3c^2+2ac\sqrt{3}+a^2-2b^2=0$
$\quad \therefore\ 2ac\sqrt{3}=2b^2-a^2-3c^2$ ……①
$ac\neq 0$ とすると，①より
$\quad \sqrt{3}=\dfrac{2b^2-a^2-3c^2}{2ac}$

a, b, c は有理数だから上式の右辺は有理数となり，$\sqrt{3}$ が無理数であることに反する．よって $ac=0$

・$a=0$ のとき，$b\sqrt{2}+c\sqrt{3}=0$ である．$b=0$ ならば $c=0$. $b\neq 0$ のとき
$$\sqrt{2}=-\frac{c}{b}\sqrt{3}$$
両辺 $\sqrt{3}$ 倍して，$\sqrt{6}=-\dfrac{3c}{b}$

$\sqrt{6}$ は無理数，右辺は有理数で矛盾する．

・$c=0$ のとき，$a+b\sqrt{2}=0$ である．$b=0$ ならば $a=0$. $b\neq 0$ のとき，$\sqrt{2}=-\dfrac{a}{b}$ で $\sqrt{2}$ は無理数，右辺は有理数で矛盾する．

以上で示された．

⇒注 ①式は，$a+c\sqrt{3}=-b\sqrt{2}$ の両辺を2乗して整理したものと同じである．なお，$a+b\sqrt{2}=-c\sqrt{3}$, $b\sqrt{2}+c\sqrt{3}=-a$ として両辺2乗でも解ける．

17 （ア）一度，十進法に直す．$\alpha=0.101_{(2)}$ の三進法表記が $0.c_1c_2c_3\cdots_{(3)}$ であるとすると，
$$\alpha=c_1\cdot 3^{-1}+c_2\cdot 3^{-2}+c_3\cdot 3^{-3}+\cdots$$
まず c_1 を決める．$0\leqq\alpha<\dfrac{1}{3}$ なら $c_1=0$, $\dfrac{1}{3}\leqq\alpha<\dfrac{2}{3}$ なら $c_1=1$, $\dfrac{2}{3}\leqq\alpha<1$ なら $c_1=2$ である．次に c_2 を決めるが，
$$\alpha-c_1\cdot 3^{-1}=c_2\cdot 3^{-2}+c_3\cdot 3^{-3}+\cdots$$
の両辺を3倍して
$$3(\alpha-c_1\cdot 3^{-1})=c_2\cdot 3^{-1}+c_3\cdot 3^{-2}+\cdots$$
としておき，上で c_1 を決めたのと同様に c_2 を決めるとよい．こうすると循環にも気づきやすくなる．

（イ）定義に従って a を表す式を書いてみる．

解（ア）$\alpha=0.101_{(2)}$ とおくと，十進法で
$$\alpha=\frac{1}{2}+\frac{1}{8}=\frac{5}{8}$$
である．α を三進法で表したとき $\alpha=0.c_1c_2c_3\cdots_{(3)}$ となるとする．

c_1 は，$\dfrac{1}{3}<\alpha=\dfrac{5}{8}<\dfrac{2}{3}$ より 1 である．

$\alpha-0.c_1{}_{(3)}=0.0c_2c_3\cdots_{(3)}$ より
$$3\left(\alpha-\frac{1}{3}\right)=0.c_2c_3\cdots_{(3)}$$
左辺は $3\alpha-1=\dfrac{15}{8}-1=\dfrac{7}{8}$ で $\dfrac{2}{3}\leqq\dfrac{7}{8}<1$ だから $c_2=2$

ここで $3\left(\dfrac{7}{8}-\dfrac{2}{3}\right)=\dfrac{21}{8}-2=\dfrac{5}{8}=\alpha$ だから以下 1, 2 の繰り返しとなる．

よって，$\alpha=\mathbf{0.1\dot{1}\dot{2}_{(3)}}$

（イ）背理法で示す．$0<a<1$ を満たす a について
$$a=0.a_1a_2\cdots a_{k(2)}=0.b_1b_2\cdots b_{l(3)}$$
（ただし，$a_k\neq 0$, $b_l\neq 0$, $k\geqq 1$, $l\geqq 1$）すなわち
$$a=a_1\cdot 2^{-1}+a_2\cdot 2^{-2}+\cdots+a_k\cdot 2^{-k}$$
$$=b_1\cdot 3^{-1}+b_2\cdot 3^{-2}+\cdots+b_l\cdot 3^{-l}$$
と表されたとする．

両辺に 2^k3^l をかけると，
$$(a_1\cdot 2^{k-1}+a_2\cdot 2^{k-2}+\cdots+a_k)\cdot 3^l$$
$$=(b_1\cdot 3^{l-1}+b_2\cdot 3^{l-2}+\cdots+b_l)\cdot 2^k$$

$a_k=1$（二進法表示で $a_k\neq 0$）なので左辺は奇数であるが，右辺は偶数である（$k\geqq 1$）．よって $0<a<1$ とすると矛盾が生じ，$a=0$ が示された．

18 （1）与式は $[x]$ の2次方程式である．まず，$[x]$ を求める．

（2）ここでは，$[3x]$ が $3[x]$, $3[x]+1$, $3[x]+2$ になる条件を求めてみる．ポイントは，x の小数部分を設定することと，
$$n が整数のとき [n+a]=n+[a]$$
（整数はガウス記号の外に出せる）となることである．

（3）上の結果を使う．

解（1）$([x])^2+2[x]-3=0$ より
$$([x]+3)([x]-1)=0$$
$$\therefore\ [x]=-3,\ 1$$
よって，答えは，$\mathbf{-3\leqq x<-2,\ 1\leqq x<2}$

（2）x の小数部分を α とおく．つまり，$\alpha=x-[x]$.

このとき，
$$[3x]=[3([x]+\alpha)]=[3[x]+3\alpha]$$
$$=3[x]+[3\alpha]$$
であり，$0\leqq\alpha<1$ だから $0\leqq 3\alpha<3$

よって，$[3\alpha]$ は 0, 1, 2 のいずれかであり，
$$[3\alpha]=0\iff 0\leqq 3\alpha<1\iff 0\leqq\alpha<\frac{1}{3}$$
$$[3\alpha]=1\iff 1\leqq 3\alpha<2\iff \frac{1}{3}\leqq\alpha<\frac{2}{3}$$
$$[3\alpha]=2\iff 2\leqq 3\alpha<3\iff \frac{2}{3}\leqq\alpha<1$$

$[3x]=3[x]$, $[3x]=3[x]+1$, $[3x]=3[x]+2$ となる α の例として 0, $\dfrac{1}{3}$, $\dfrac{2}{3}$ があげられるので，

$1 \leq x < 2$ の範囲では, $x=[x]+\alpha$ より $x=1, \dfrac{4}{3}, \dfrac{5}{3}$

（3） $0 \leq \alpha < \dfrac{1}{3}$ の場合, $[3x]=3[x]$ だから,
$[3x]-[x]=4$ のとき, $2[x]=4$　∴　$[x]=2$

このとき, $2 \leq x < 2+\dfrac{1}{3}=\dfrac{7}{3}$

$\dfrac{1}{3} \leq \alpha < \dfrac{2}{3}$ の場合, $[3x]=3[x]+1$ だから,
$[3x]-[x]=4$ のとき, $2[x]+1=4$

$[x]$ は整数なのでこの式は成り立たない.

$\dfrac{2}{3} \leq \alpha < 1$ の場合, $[3x]=3[x]+2$ だから
$[3x]-[x]=4$ のとき, $2[x]=2$　∴　$[x]=1$

このとき, $\dfrac{5}{3} \leq x < 2$

よって, 答えは, $\dfrac{5}{3} \leq x < \dfrac{7}{3}$

➡注 （3）は, $[x]$ を x で置き換えると $3x-x=4$ すなわち $x=2$ となる. 答えは確かに2の近辺にある.

超ミニ講座・$_nC_r$ がらみの話

まず, 有名問題を紹介しましょう.
［問題］
　p を素数, k を $1 \leq k \leq p-1$ である自然数とするとき, $_pC_k$ は p で割り切れることを証明せよ.
（大阪医大, 一部）
＊　　　　＊
2行下の①の右辺について, 約分すると分子に p が残ることを示せば OK です.

解　$_pC_k = \dfrac{p(p-1)\cdots\{p-(k-1)\}}{k(k-1)\cdots 1}$ ……①

k は p 未満の自然数で, p は素数であるから,
　　　　p と $k, k-1, \cdots, 1$ は互いに素
これと $_pC_k$ は整数であることから, ①は,
$\dfrac{(p-1)\cdots\{p-(k-1)\}}{k(k-1)\cdots 1}$ が約分されて整数となる.
　よって, $_pC_k$ は p で割り切れる. ∥

また, $_nC_r$ を用いて, 一般に,
『連続する r 個の自然数の積は $r!$ で割り切れる』
ことを証明することができます.
（証明）$_nC_r = \dfrac{n(n-1)\cdots\cdots\{n-(r-1)\}}{r!}$
が整数であるから, 連続する r 個の自然数の積
　　　　$n(n-1)\cdots\cdots\{n-(r-1)\}$
は $r!$ で割り切れる. ∥

超ミニ講座・部屋割り論法

『$n+1$ 人を n 個の部屋に入れるとき, 2人以上の人が入っている部屋が少なくとも1つは存在する』
　このような論法を, 部屋割り論法または鳩の巣原理といいます.
　これを活用する問題を紹介しましょう.
［問題］
　xy 平面において, x 座標, y 座標がともに整数である点 (x, y) を格子点という. いま, 互いに異なる5個の格子点を任意に選ぶと, その中に次の性質をもつ格子点が少なくとも一対は存在することを示せ.
　一対の格子点を結ぶ線分の中点がまた格子点となる.
（早大・政経）
＊　　　　＊
　整数 m, n に対して $\dfrac{m+n}{2}$ が整数であるのは, $m+n$ が偶数, つまり m, n の偶奇が一致するとき.
　格子点を x 座標, y 座標の偶奇で分類して, 部屋割り論法を用います.

解　格子点を, x 座標, y 座標の偶奇で分類すると, (偶数, 偶数), (偶数, 奇数), (奇数, 偶数), (奇数, 奇数) の4種類に分類される. よって, 5個の格子点のうち少なくとも2点は, 同じ種類に分類され, x 座標, y 座標の偶奇がそれぞれ一致し, その2点の中点は格子点である. ∥

ミニ講座・5 整数値をとる多項式

○12の例題では「整数 n に対して $2n^3+9n^2+13n$ は 6 の倍数である」ことを示しました．従って，
$$f(n)=\frac{1}{6}(2n^3+9n^2+13n)=\frac{1}{3}n^3+\frac{3}{2}n^2+\frac{13}{6}n$$
は，n が整数ならば $f(n)$ が整数になる多項式です．

ここでは，

n が整数のときに $f(n)$ が整数になる多項式

について考えてみます．以下，このような多項式を整数多項式と呼ぶことにします（ここだけの呼び方です）．

まず，2次の整数多項式を求めてみましょう．

例題　$f(n)=an^2+bn+c$ とおく．
(1) $f(-1)$, $f(0)$, $f(1)$ が整数のとき，
　　$2a$, $a+b$, c はすべて整数 ……①
であることを示せ．
(2) ①のとき，$f(n)$ は整数多項式であることを示せ．

$f(n)$ が整数多項式ならば $f(-1)$, $f(0)$, $f(1)$ は整数です．すべての整数 n に対して $f(n)$ が整数になるのだから特殊な（考えやすい）n を代入してみよう，という発想です．

(1) $f(-1)=a-b+c$ ……②　　$f(0)=c$ ……③
　　$f(1)=a+b+c$ ……④

③より c は整数，これと④より $a+b$ は整数 ……⑤ です．さらに②を見ると $a-b$ も整数 ……⑥ なので，⑤+⑥ より $2a$ は整数です．これで証明できました．

(2) ○12と同様に証明できます．
$$f(n)=\underline{2a}\cdot\frac{1}{2}n(n-1)+\underline{(a+b)}n+\underline{c}\quad\text{……☆}$$
で，＿はすべて整数となることから示されました．

さて，☆を形式的に
$$f(n)=2a\cdot{}_nC_2+(a+b)\cdot{}_nC_1+c\cdot{}_nC_0$$
と書き，$2a=A$, $a+b=B$, $c=C$ とおいてみましょう．ここでは ${}_nC_2$ は $\frac{1}{2}n(n-1)$ という n の多項式を表すことにします．${}_nC_1$, ${}_nC_0$ も同様で ${}_nC_1=n$, ${}_nC_0=1$ です．

この記号を用いると，例題の結果から

2次の整数多項式 $f(n)$ は，
$$f(n)=A\cdot{}_nC_2+B\cdot{}_nC_1+C\cdot{}_nC_0$$
（ただし，A, B, C は整数）
と書ける ……★

がわかります．

多項式 ${}_nC_2$ の n に整数を代入した値は整数［$n(n-1)$ は連続2整数の積で偶数］ですから，
$$A\cdot{}_nC_2+B\cdot{}_nC_1+C\cdot{}_nC_0\ (A,\ B,\ C\ \text{は整数})$$
の形の多項式が整数多項式になることはアタリマエです．例題では，2次の整数多項式はそのようなアタリマエなものしかないことを示した，というわけです．

結論がわかってしまったら，①を経由して★を出す必要はなくなります．はじめに戻って，2次の整数多項式を求める問題を考えてみましょう．

2次の多項式 $f(n)$ は，実数 A, B, C を用いて
$$f(n)=A\cdot{}_nC_2+B\cdot{}_nC_1+C\cdot{}_nC_0$$
と書くことができます［$f(n)$ の2次の係数を a として $A=2a$ とすれば $f(n)-A\cdot{}_nC_2$ は1次以下になるので $Bn+C$ と書ける］．

ここで $f(n)$ が整数多項式と仮定します．すると，
$$f(0)=A\cdot{}_0C_2+B\cdot{}_0C_1+C\cdot{}_0C_0=C$$
$$f(1)=A\cdot{}_1C_2+B\cdot{}_1C_1+C\cdot{}_1C_0=B+C$$
$$f(2)=A\cdot{}_2C_2+B\cdot{}_2C_1+C\cdot{}_2C_0=A+2B+C$$
［多項式 ${}_nC_2$ の n に 0 を代入した値を ${}_0C_2$ と書いた．他も同様．例えば ${}_0C_2=0$, ${}_0C_1=0$, ${}_0C_0=1$］がすべて整数なので，
$$C,\ B(=f(1)-C),\ A(=f(2)-2B-C)$$
が整数であることが順次導かれます．

3次の整数多項式も，やはりアタリマエなものしかありません．

${}_nC_3=\frac{1}{6}n(n-1)(n-2)$ ［n の多項式］と定め，
$$f(n)=A\cdot{}_nC_3+B\cdot{}_nC_2+C\cdot{}_nC_1+D\cdot{}_nC_0$$
とおきます［$f(n)$ の3次の係数を a として $A=6a$ とすれば $f(n)-A\cdot{}_nC_3$ は2次以下なのでいつでもこのようにおける］．$f(n)$ が整数多項式であれば
$$f(0)=D,\ f(1)=C+D,$$
$$f(2)=B+2C+D,\ f(3)=A+3B+3C+D$$
は整数なので，D, C, B, A が整数になることが順次導かれます．

ミニ講座・6
とことん $ax+by=c$

○14 で $ax+by=c$ の形の方程式を解く問題を取り上げました．

ここでは，この方程式を軸にして，互除法（○13）や中国剰余定理（○15）との関連を考えていきます．

まず互除法を見てみましょう．○13 で述べたことの繰り返しですが，ユークリッドの互除法を定理の形で書くと次のようになります．

> A, B を自然数とする．A を B で割った余りを R とすれば，
> $$(A, B)=(B, R) \quad \cdots\cdots\cdots ☆$$
> が成り立つ．

記号は○13 と同じで，A と B の最大公約数を (A, B) で表します．

☆を繰り返し用いる，つまり (B, R) を次の (A, B) にすることを繰り返すと (A, B) を求めることができます．ここでは，$A=100, B=29$ として，具体的にやってみましょう．

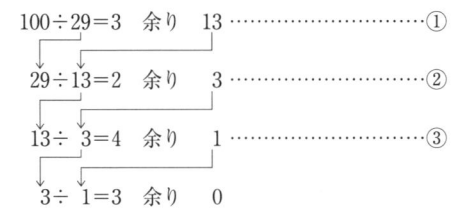

$100 \div 29 = 3$ 余り 13 $\cdots\cdots\cdots$ ①
$29 \div 13 = 2$ 余り 3 $\cdots\cdots\cdots$ ②
$13 \div 3 = 4$ 余り 1 $\cdots\cdots\cdots$ ③
$3 \div 1 = 3$ 余り 0

となるので，

$(100, 29)=(29, 13)=(13, 3)=(3, 1)=(1, 0)=1$

つまり 100 と 29 は互いに素ということがわかります．

R は必ず減る（B より小さいから）ので，互除法を繰り返すとどこかで $R=0$ になります．一般に，$B \neq 0$ のとき $(B, 0)=B$ ですから，$R=0$ になったときの割る数が最大公約数 (A, B) です．

互除法の過程①〜③を用いると $100x+29y=1$ の解を1つ見つけることができます．

まず，①を
$$100+29\times(-3)=13 \quad \cdots\cdots\cdots ①'$$
と書いてみます．ポイントは，余り 13 が $100x+29y$ の形（$x=1, y=-3$）になっていることです．

②は $29+13\times(-2)=3$ ですから，13 を①′の左辺で置き換えると
$$29+\{100+29\times(-3)\}\times(-2)=3$$
$$\therefore \quad 100\times(-2)+29\times 7=3 \quad \cdots\cdots\cdots ②'$$
となり，②の余り 3 が $100x+29y$ の形（$x=-2, y=7$）に書けました．

同じことをもう 1 回やれば完了です．③より
$$13+3\times(-4)=1$$
なので，13 を①′の左辺，3 を②′の左辺で置き換えて
$$100+29\times(-3)+\{100\times(-2)+29\times 7\}\times(-4)=1$$
$$\therefore \quad 100\times 9+29\times(-31)=1$$

これより $100x+29y=1$ の解の1つ $x=9, y=-31$ が得られます．

なお，○14 の例題（2）で変数の置き換えをすると
$100m+29n=1$ より $29(3m+n)+13m=1$
$3m+n=l$ とおくと $29l+13m=1$
よって $13(2l+m)+3l=1$
$2l+m=p$ とおくと $13p+3l=1$
よって $3(4p+l)+p=1$
$4p+l=q$ とおくと $3q+p=1$

となりますが，ここに出てくる方程式の係数の組 $(100, 29), (29, 13), (13, 3), (3, 1)$ が互除法の（割られる数，割る数）と同じであることが観察できるでしょう．

最後に☆を証明してみます．鍵になる考え方は，○13 の例題前文で述べた

　　　　公約数は生き残る

です．一般に，A, B がともに d の倍数であれば，$A+kB$（k は整数）も d の倍数になります．

☆の証明 $(A, B)=d, (B, R)=d'$ とし，A を B で割った商を k とする．

A, B はともに d の倍数であり，$R=A-kB$ であるから，R は d の倍数である．これと，B が d の倍数であることを合わせると，$(B, R)=d' \geq d$

B, R はともに d' の倍数であり，$A=(A-kB)+kB=R+kB$ であるから，A は d' の倍数である．これと，B が d' の倍数であることを合わせると，$(A, B)=d \geq d'$

以上より，$d=d'$ となるので示された．

この証明では，k が商（R が余り）であることは使っていません．「整数 k に対して $(A, B)=(B, A-kB)$ が成り立つ」を示したことにもなっています．

今度は，中国剰余定理の方から眺めてみましょう．

○15 の演習題（1）と同様に，
$$a, 2a, 3a, \cdots, (b-1)a, ba \quad \cdots\cdots\cdots\cdots ④$$
を b で割った余りはすべて異なる

が言えます．④の異なる2数 ia と ja を b で割った余りが等しい，すなわち $(i-j)a$ が b で割り切れると仮定すると，a と b は互いに素なので $i-j$ が b で割り切れることになりますが，$1 \leq i \leq b$，$1 \leq j \leq b$，$i \neq j$ なので $-(b-1) \leq i-j \leq b-1$，$i-j \neq 0$ となって（この範囲に b の倍数がないから）矛盾が生じます．

b で割った余りは $0, 1, \cdots, b-1$ の b 個で，④には b 個の整数がありますから，「余りはすべて異なる」は「余り $0, 1, \cdots, b-1$ が1個ずつ出てくる」と同じ意味です．これは，

a と b が互いに素な正整数のとき，
$ax \equiv c \pmod{b}$ は解をもつ

ということを意味しています．そして，
$$ax \equiv c \pmod{b}$$
を合同式を使わずに書くと
$$ax = c - by \quad (y \text{ は整数})$$
となりますから，

a と b が互いに素ならば
$ax + by = c$ を満たす整数 x, y が存在する

が示されたことになります．

この議論でわかるのは「解をもつ」ことだけで，具体的な値を見つけるとなると話は別ですが，
$ax + by = c$ の各辺を $\bmod b$ で見ると
$$ax \equiv c \pmod{b}$$
と考えると，さきほどの「$100x + 29y = 1$ の変数を置き換える解法」との関連を見い出すことができます．

$100m + 29n = 1$ の各辺を $\bmod 29$ で見ると $100m \equiv 1 \pmod{29}$ でありさらに $100 \equiv 13 \pmod{29}$ より $13m \equiv 1 \pmod{29}$ となります．これを $ax + by = c$ の形に戻すと
$$13m + 29l = 1 \quad \cdots\cdots\cdots\cdots ⑤$$
です．続いて⑤の各辺を $\bmod 13$ で見ると $3l \equiv 1 \pmod{13}$ になり，再び $ax + by = c$ の形に戻せば $3l + 13p = 1$ となります．（以下省略）

$3l \equiv 1 \pmod{13}$ が得られた時点で $l = 9$ が見つかれば，⑤に代入して，$13m + 29 \cdot 9 = 1$
$$\therefore 13m = -260 \quad \therefore m = -20$$
と解の1つを見つけることができます．しかし，係数を小さくした方程式から元の方程式の特殊解を復元するときは，置き換えた文字の関係式（左頁参照）

$$3m + n = l, \quad 2l + m = p$$
を使う方が早いでしょう．実際にやってみると，$3l + 13p = 1$ を満たす l, p の1つは $l = 9$，$p = -2$ で，
$$3m + n = 9, \quad 18 + m = -2$$
より $m = -20$，$n = 69$ となります．

両辺を $\bmod 29$ で見ると，$29(3m + n) + 13m = 1$ の $29(3m + n)$ の部分が消えてしまい，$l = 3m + n$ などの関係式は表に出てこないため，変数を置き換えるのが実戦的な解法と言えます．

ここまで，$ax + by = c$ の a と b が互いに素の場合を議論してきましたが，そうとは限らない場合は

$ax + by = c$ を満たす整数 x, y が存在する
$\iff c$ が (a, b) の倍数

となります．これまでの結果を使って証明してみましょう．$d = (a, b)$ とします．

$\implies$ は，a も b も d の倍数なので $ax + by$ も d の倍数となる（公約数は生き残る！）ことから言えます．

$\impliedby$ は，$a = a'd$，$b = b'd$ としたとき（d は最大公約数だから）a' と b' が互いに素になることがポイントです．仮定より $c = c'd$（c' は整数）と書けるので，$ax + by = c$ に代入して $a'dx + b'dy = c'd$

d で割ると $a'x + b'y = c'$

これを満たす整数 x, y が存在することは既に示したのでこれで証明完了です．

最後に，④のような考え方を用いて

中国剰余定理

m_1，m_2 を互いに素な自然数（ただし，ともに2以上）とするとき，m_1 で割った余りが r_1，m_2 で割った余りが r_2（ただし，r_1，r_2 は整数で $0 \leq r_1 \leq m_1 - 1$，$0 \leq r_2 \leq m_2 - 1$）となる整数は 0 以上 $m_1 m_2 - 1$ 以下の範囲にちょうど1個存在する．

を示してみましょう．

m_1 で割った余りが r_1 であるような整数 $\cdots\cdots$ ⑥ の中から m_2 で割った余りが r_2 であるものを探します．

⑥を満たす整数 N のうち，$0 \leq N \leq m_1 m_2 - 1$ の範囲にあるものは，
$$r_1, \ r_1 + m_1, \ r_1 + 2m_1, \ \cdots, \ r_1 + (m_2 - 1)m_1$$
の m_2 個です．この m_2 個の整数を m_2 で割った余りはすべて違い（理由は④のあとと同じ．2数の差を考えると r_1 は消える），$0, 1, \cdots, m_2 - 1$ が1個ずつです．

従って，この中に m_2 で割った余りが r_2 になるものがちょうど1個存在します．

ミニ講座・7
大小設定のナゾ

○9の例題前文や演習題のヒントには，大小設定が鍵と書いてあります．ここでは，定番の問題を一つ紹介して，大小設定について考えてみることにします．

> $\dfrac{1}{x}+\dfrac{1}{y}+\dfrac{1}{z}=1$ を満たす自然数 x, y, z の組を求めよ．

まず，大小設定をしないとどうなるか，やってみます．x, y, z が大きいと成り立たない，ということを式にしますが，大小を設定していないので次のようになります．

$x\geqq 4$ かつ $y\geqq 4$ かつ $z\geqq 4$ のとき，
$$\frac{1}{x}+\frac{1}{y}+\frac{1}{z}\leqq \frac{1}{4}+\frac{1}{4}+\frac{1}{4}=\frac{3}{4}<1$$
だから与式は成り立たない．よって，
$x\leqq 3$ または $y\leqq 3$ または $z\leqq 3$
$x=1$ は明らかに不適なので，
$x=2$, $x=3$, $y=2$, $y=3$, $z=2$, $z=3$
のいずれかが成り立つ．

あとはこの6通りを調べればよい，ということになります．$x=2$ と $x=3$ をやって（与式に代入して y と z を求めて）他の場合は x, y, z の対称性を使うのがよいでしょう（省略．次の解答を参照）．

この例からわかるように，大小設定をしないと解けないというわけではありません．○9の演習題も同様です．

今度は大小設定して解いてみましょう．答案は，例えば次のように書きます．

* * *

x, y, z は対等であるから，まず $x\leqq y\leqq z$ の条件のもとで求め，x, y, z を入れかえたものを最終的な答えとすればよい．

$x\leqq y\leqq z$ より $\dfrac{1}{x}\geqq \dfrac{1}{y}\geqq \dfrac{1}{z}$ であるから，
$$1=\frac{1}{x}+\frac{1}{y}+\frac{1}{z}\leqq \frac{1}{x}+\frac{1}{x}+\frac{1}{x}=\frac{3}{x} \cdots\cdots ☆$$
$$\therefore\quad x\leqq 3$$
$x=1$ は明らかに不適だから $x=2$, 3 である．

- $x=2$ のとき，与式より $\dfrac{1}{y}+\dfrac{1}{z}=\dfrac{1}{2}$
  両辺を $2yz$ 倍して分母を払うと，$2z+2y=yz$
  $$\therefore\quad (y-2)(z-2)=4$$
  $2\leqq y\leqq z$ より $(y,\ z)=(3,\ 6),\ (4,\ 4)$

- $x=3$ のときは☆の等号が成り立つので，$y=z=3$

x, y, z の組はこれらの値を入れかえたものだから
$(\boldsymbol{x},\ \boldsymbol{y},\ \boldsymbol{z})=(2,\ 3,\ 6),\ (2,\ 6,\ 3),\ (3,\ 2,\ 6),$
$\qquad\qquad\ (3,\ 6,\ 2),\ (6,\ 2,\ 3),\ (6,\ 3,\ 2),$
$\qquad\qquad\ (2,\ 4,\ 4),\ (4,\ 2,\ 4),\ (4,\ 4,\ 2),$
$\qquad\qquad\ (3,\ 3,\ 3)$

* * *

大小設定をするとすっきり解けることが見てとれるでしょう．特に前半，大小が設定してあるので $x\leqq 3$ が自然に導かれています．「$x\geqq 4$ かつ $y\geqq 4$ かつ $z\geqq 4$」というような仮定を思いつく必要はありません．

x, y, z の組は，実質的に $(2,\ 3,\ 6)$, $(2,\ 4,\ 4)$, $(3,\ 3,\ 3)$ の3つですが，これらが無駄なく求められている点も見逃せません．一度，大小を設定したことで見通しが良くなった，と言えます．

この例や○9の演習題（対等な a, b, c に最初から大小が設定してある）を見ると，文字が対等だから大小を設定してよい，というようにも読めますが，実は少し違います．大小設定の裏にあるのは，

x, y, z すべてが大きいと成り立たない
ならば x を最小として x に着目しよう

という発想です．一方，対等なときは「文字の入れかえが可」です．つまり，対等なときは大小を1つ決めて議論すればすべての場合を尽くしたことになります（だから対等と大小設定は相性が良い，とも言えます）．左の問題の解答で「$x\leqq y\leqq z$ で求めてあとで入れかえればすべて求められる」と言っているのはこのことです．また，○9の演習題では，(1)は「a, b が異なる自然数のとき，$\dfrac{1}{a}+\dfrac{1}{b}$ の最大値は $\dfrac{5}{6}$」，(2)は「a, b, c が相異なる自然数のとき，$\dfrac{1}{a}+\dfrac{1}{b}+\dfrac{1}{c}$ の最大値は $\dfrac{41}{42}$」をそれぞれ示したことになります．

○9の例題では対等でない x, y, z に大小が設定されていますが，もちろん大小が決まっていないと解けないということはなく，例えば $x\leqq y\leqq z$ とすれば
$(x,\ y,\ z)=(1,\ 3,\ 9),\ (1,\ 4,\ 6),\ (1,\ 5,\ 5),$
$\qquad\qquad\ (2,\ 2,\ 6),\ (3,\ 3,\ 3)$
と文字の入れかえでないものが得られます．同様に，他の大小の場合も求めるとすべての組が得られます．

図形の性質

本章の例題と演習題は，数学Ⅰの「図形と計量」の知識を前提としています．また，本章の前文の解説などを教科書的に詳しくまとめた本として，「教科書Next 三角比と図形の集中講義」(小社刊)があります．是非とも御活用ください．

■ 要点の整理　　　　　　　　　　　　　　　92

■ 例題と演習題
1　三角形の成立条件, 辺と角の大小関係	96
2　メネラウスの定理	97
3　正五角形	98
4　方べきの定理	99
5　接弦定理	100
6　角の二等分線と外接円	101
7　傍接円と接線の長さ	102
8　接している円の半径	103
9　立体の埋め込み	104
10　最短距離	105
11　2平面のなす角	106
12　オイラーの多面体定理	107

■ 演習題の解答　　　　　　　　　　　　　108

■ ミニ講座・8　立体の埋め込み　　　　　114
　ミニ講座・9　作図　　　　　　　　　　116
　ミニ講座・10　一致法　　　　　　　　　118

図形の性質
要点の整理

紙面の都合でチェバの定理など証明を割愛しましたが，これについては教科書や『教科書 Next 三角比と図形の集中講義』（小社刊）をご覧ください．また，座標平面は詳しくは数Ⅱで，ベクトルは数Bで学びます．

1. メネラウスの定理（証明は，☞例題2）

△ABC を直線 l で切断したとき，各辺との交点（交わらない辺は，延長した直線との交点）が作り出す内分比，外分比の積は 1 になる．

$$\frac{AF}{FB} \times \frac{BD}{DC} \times \frac{CE}{EA} = 1 \quad \cdots\cdots ①$$

（図の●点（頂点），〇点（切断点）の順に辿って式を作るとよい）

逆に，辺を分ける点について，内分点が2つ，外分点が1つ（上図）または，3辺とも外分点のとき（下図），D, E, F が①を満たせば，D, E, F は一直線上にある．

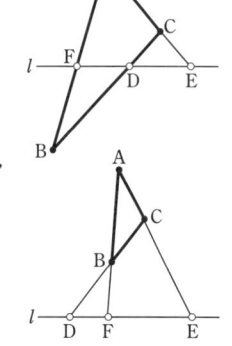

3点が一直線上にあることを，この定理を使って証明することがある．ただ3点が一直線上にあることは，座標やベクトルを使って比較的簡単に言えることが多い．

2. チェバの定理

△ABC の内部に点 P を取って，直線 AP, BP, CP と辺の交点を D, E, F とすると，これらの交点が作る内分比の積は 1 になる．

$$\frac{AF}{FB} \times \frac{BD}{DC} \times \frac{CE}{EA} = 1 \quad \cdots\cdots ②$$

（図の●点（頂点），〇点（交点）の順に辿って式を作るとよい）

逆に，辺を分ける点について，3点とも内分点（上図）のとき，D, E, F が②を満たせば，AD, BE, CF は 1 点で交わる．

つまり，3 直線が 1 点で交わることを証明することができる．

➡注　チェバの定理は，下側の図のように，△ABC の外部に点 P があるときも（②式が）成り立つ．

座標平面で 3 直線が 1 点で交わることを証明するには，3 直線から適当な 2 直線を選んで，それらの交点を求め，それが第 3 の直線上にあることを証明すればよい．この手順は，一本道であるが，計算が面倒になりがちである．座標平面よりも，初等幾何のチェバの定理の方がすっきりと証明できることが多い．

3. 角の二等分線

△ABC で，∠A の内角の二等分線，外角の二等分線が，直線 BC と交わる点を D とすると，次が成り立つ．

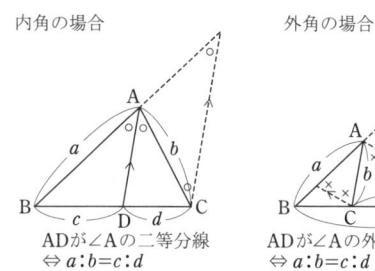

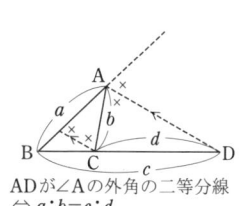

内角の場合　　　　　外角の場合

AD が ∠A の二等分線　　AD が ∠A の外角の二等分線
⇔ $a:b = c:d$　　　　　⇔ $a:b = c:d$

（証明は図のように平行線を引くことで導かれる）

⟹ でも ⟸ でもあることに注意．$a:b = c:d$ が成り立てば，逆に AD は ∠A の二等分線なのである．また，⟹ 向きに使うことで，角についての条件を，辺の比の条件に置き換えることができる．座標平面で角の二等分線を扱うときは，この定理を使うとよいだろう．

4. 三角形の成立条件

3 辺の長さが a, b, c の三角形ができる条件は，
$$a+b > c, \quad b+c > a, \quad c+a > b$$
である．また，1つの辺に着目して，
$$|b-c| < a < b+c$$
でも O.K. である．

5. 三角形の辺と角との大小関係

三角形において，角の大小とそれに対応する辺（対辺）の大小は一致する．特に，三角形の最大の辺の向かいの角（対角）が三角形の最大の角になっている．

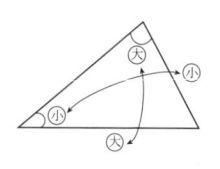

6. 接線の長さ

円 C と円の外側にある点 P があり，P から円 C に接線を引くとき，接点を S, T とする．このとき，PS＝PT が成り立つ．

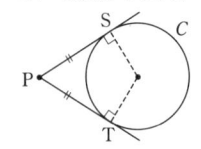

7. 共通接線の長さ

下図の接線で接点間の長さ l は，2 円の半径 r_1, r_2 と中心間の距離 d を用いて表せる．網目の直角三角形に着目（ここがポイント）して，三平方の定理を使って計算すると次のようになる．

共通外接線の長さ　　　　共通内接線の長さ

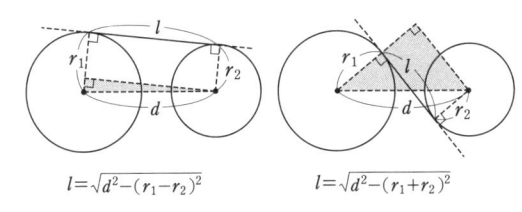

$l = \sqrt{d^2 - (r_1 - r_2)^2}$ 　　 $l = \sqrt{d^2 - (r_1 + r_2)^2}$

8. 円周角の定理

(i) 中心角は円周角の 2 倍である．
(ii) 等しい弧に対する円周角は等しい．
　また(ii)の逆で，
(iii) 等しい円周角に対する弧の長さは等しい．

(i)　　　(ii) 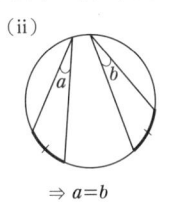 ⇒ $a = b$　　　(iii) ⇒ $l = l'$

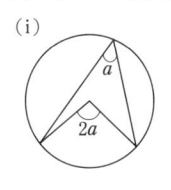

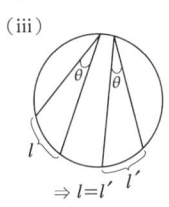

線分 AB を一定角で見込む点 P（∠APB が一定となる点）は，AB の垂直二等分線上に中心を持つ円の弧上にある．このことを座標平面の知識だけで解こうとすると難しい．大学受験では，円周角の定理の逆がポイントになる問題もある．

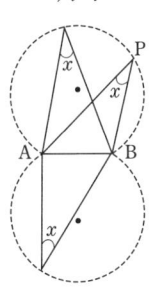

さらに，右図で，点 P が
　太線の内側のとき，$\alpha > \theta$
　　　外側のとき，$\beta < \theta$
となることにも注意したい．

これによると，線分を一定角度より大きい角で見込む P は円弧の内部にあることがわかる．P の存在する範囲を問う出題例には，これで対応する．

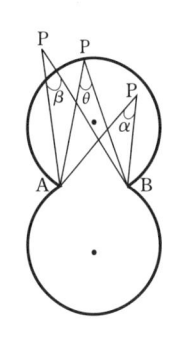

9. 円に内接する四角形

(i) 円に内接する四角形において，対角の和は $180°$ である．逆に，
(ii) 対角の和が $180°$ になる四角形は円に内接する．

(i)　和が $180°$ になる　　　(ii) 和が $180°$ だと… ⇒ 円！

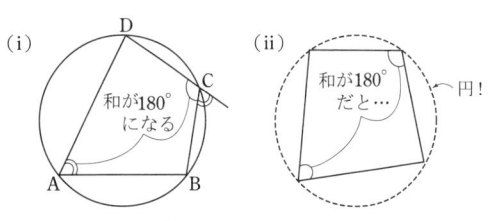

"対角の和が $180°$ になる"のかわりに"ある内角と，その対角の外角が等しい"としても同じ．角度を移したいときはこの表現の方が扱いやすい．

入試でよく扱われる筋は，$\angle A + \angle C = 180°$ から，$\cos A = -\cos C$ が成り立ち，これを利用するところ．

10. 接弦定理

下左図で，XT が接線のとき，$a = b$ である．

これは，上で説明した"円に内接する四角形"の 2 点がくっついた場合だと考えられる．

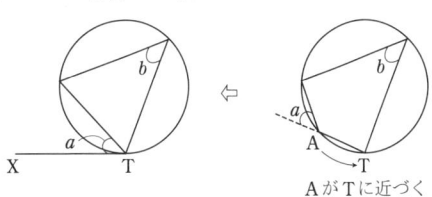

A が T に近づく

11. 方べきの定理（証明は☞例題4）

定円と定点Pがあり，Pを通る直線と円の交点をA, Bとするとき，PA×PBは一定である．

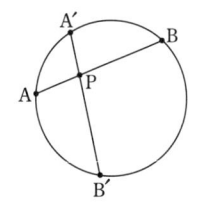

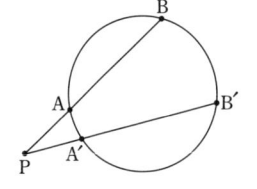

上図で，ともに，
$$PA \times PB = PA' \times PB' \quad \cdots\cdots ①$$
が成り立つ．

逆に，①が成り立つとき，A, B, A′, B′は同一円周上にある．

また，A′=B′となった右の構図（接点をTとおく）でも方べきの定理は成り立つ．
$$PA \times PB = PT^2$$

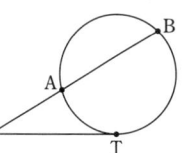

12. 三角形の五心

△ABCについて，BC=a, CA=b, AB=cとする．

12・1 重心（G）

三角形の頂点と対辺の中点を結ぶ線分を中線という．

[定義] 中線の交点（3本の中線は1点で交わる）．

[性質]

① Gは各中線を頂点の方から2:1に内分する．
② △GAB=△GBC=△GCA

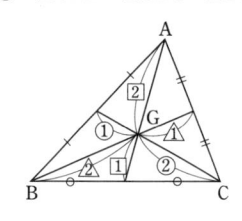

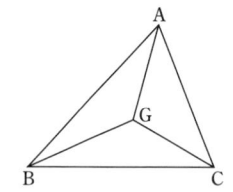

12・2 垂心（H）

[定義] 各頂点から対辺に下ろした垂線の交点（3本の垂線は1点で交わる）．

座標平面でもベクトルでも直角は扱いやすいので，垂心が絡んだ問題は平面幾何でない解法でも解きやすいことが多い．

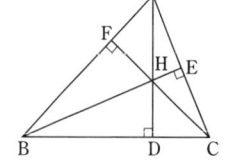

12・3 外心（O）

[定義] 辺の垂直二等分線の交点（3本の垂直二等分線は1点で交わる）．

[性質]

① Oを中心として3頂点を通る円を描くことができる．Oは△ABCの外接円の中心である．
② 特に三角形が直角三角形のとき，Oは斜辺の中点．

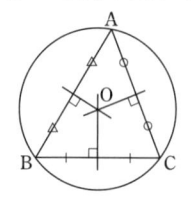

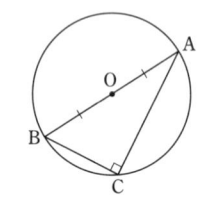

12・4 内心（I）

[定義] 内角の二等分線の交点（3本の内角の二等分線は1点で交わる）．

[性質]

① Iを中心として，各辺に接する円を描くことができる．Iは内接円の中心である．
② △ABCの内接円とBC, CA, ABとの接点をD, E, Fとする．DはIからBCに下ろした垂線の足（☞注）である．E, Fも同様． 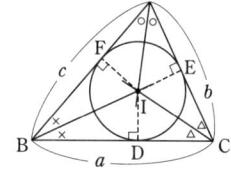
③ 三角形の面積をS，内接円の半径をr，3辺をa, b, cとすると，$r = \dfrac{2S}{a+b+c}$

➡注 直線lとその上にない点Aがあり，Aを通りlに垂直な直線mを引く．lとmの交点をHとするとき，HをAから直線lに下ろした垂線の足という．

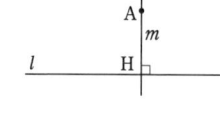

12・5 傍心（I_A, I_B, I_C）

[定義] I_Aは，∠Aの内角の二等分線と，∠B, ∠Cの外角の二等分線（合わせて3本）の交点．

[性質]

① A, I, I_Aは一直線上にある．
② I_Aを中心に各辺または各辺の延長線に接する円（∠A内の傍接円）を描くことができる．I_Aは傍接円の中心である．

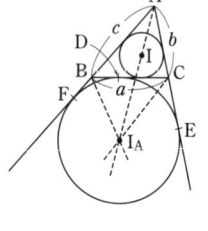

③ ∠A 内の傍接円の半径を r_A とすると，

$$r_A = \frac{2S}{b+c-a} \quad (例題 7)$$

13. 直線と平面

13・1 2直線の位置関係となす角

異なる2直線 l, m の位置関係には，以下の3つの場合がある．

(ア) 交わる　　(イ) 平行である　　(ウ) ねじれの位置にある

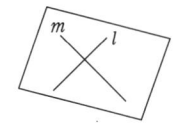

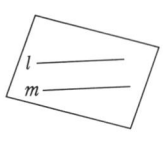

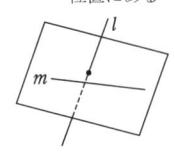

(イ)のとき，$l /\!/ m$ と書く．

2直線が平行でないとき，l と平行で m と交わる直線 l' を考え，m と l' を含む平面での l' と m のなす角 θ を，2直線 l, m のなす角という．θ の値は l' の取り方によらず一定である．

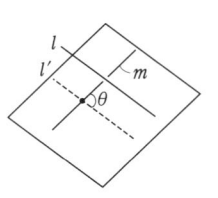

2直線 l, m のなす角が $90°$ のとき，l と m は垂直であるといい，$l \perp m$ と書く．さらに，垂直な2直線が交わるとき，直交するという．

13・2 直線と平面の位置関係

直線 l と平面 α の位置関係には，以下の3つの場合がある．

(ア) 交わる　　(イ) 平行である　　(ウ) 直線が平面上にある

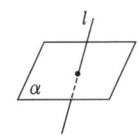

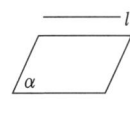

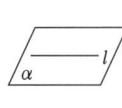

直線 l と平面 α が平行であるとき，$l /\!/ \alpha$ と書く．

直線 l が平面 α 上のすべての直線に垂直であるとき，l は α に垂直である，または，直交するといい，$l \perp \alpha$ と書く．このとき，l を平面 α の垂線という．

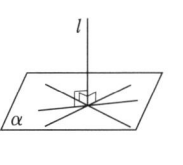

直線 l が平面 α に垂直である条件は，平面 α 上の平行でない2直線 m, n を用意して，次のように書くことができる．

$$l \perp \alpha \iff l \perp m, \; l \perp n$$

13・3 2平面の位置関係

異なる2平面 α, β の位置関係には，以下の2つの場合がある．

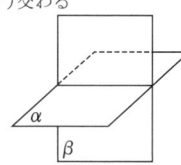

(ア) 交わる　　(イ) 平行である

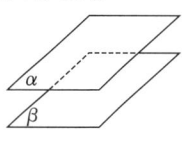

2平面が交わるとき，共有する直線を2平面の交線という．また，2平面 α, β が平行であるとき，$\alpha /\!/ \beta$ と書く．

13・4 2平面のなす角

交わる2平面 α, β の交線（l とする）上の点を通り，各平面上にあり，l と垂直な2本の直線を m, n とする．このとき，m, n のなす角 θ を2平面 α, β のなす角という．

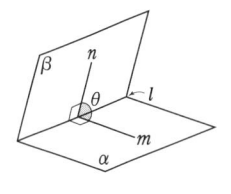

2平面 α, β のなす角が $90°$ のとき，α, β は垂直であるといい，$\alpha \perp \beta$ と書く．

13・5 三垂線の定理

平面 α と平面 α 上の直線 l，α 上にあって l 上にない点 O，平面 α に含まれない点 A，l 上の点 B について，次が成り立つ．これを，三垂線の定理という．

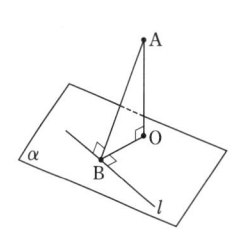

$AB \perp l$，$OB \perp l$，$OA \perp OB$
ならば，$OA \perp \alpha$

➡注　上図で，$OA \perp \alpha$ が成り立つとき，O を A から α に下ろした垂線の足という．

14. オイラーの多面体定理

一般に，凸多面体の頂点，辺，面の数を，それぞれ v, e, f とすると，

$$v - e + f = 2$$

が成り立つことが知られている．これを，オイラーの多面体定理という．

1 三角形の成立条件，辺と角の大小関係

3辺の長さが $2x+1$, x^2-1, x^2+x+1 である三角形について，

(1) $2x+1$, x^2-1, x^2+x+1 が三角形の3辺となるための x の条件を求めよ．

(2) 最大辺に対する角の大きさを求めよ．

（福井工大）

三角形の成立条件 3辺の長さが a, b, c の三角形ができる条件は，
$$a+b>c,\ b+c>a,\ c+a>b$$
である．また，1つの辺に着目して，
$$|b-c|<a<b+c$$
でも O.K. である．（詳しくは，「教科書 Next 三角比と図形の集中講義」p.86～87 を見て下さい）

三角形の角と辺の大小 △ABC で AB=c, BC=a, CA=b とする．
このとき，
$$\angle A<\angle B<\angle C \iff a<b<c$$
が成り立つ．大きい角には大きい辺が，小さい角には小さい辺が対応している．

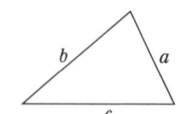

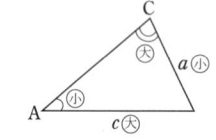

解 答

(1) 三角形ができる条件は，次の①，②，③をすべて満たすこと．

$$(2x+1)+(x^2-1)>x^2+x+1 \quad\cdots\cdots ①$$
$$(x^2-1)+(x^2+x+1)>2x+1 \quad\cdots\cdots ②$$
$$(x^2+x+1)+(2x+1)>x^2-1 \quad\cdots\cdots ③$$

①を整理すると，$x>1$

②より，$2x^2-x-1>0$ ∴ $(2x+1)(x-1)>0$

∴ $x<-\dfrac{1}{2}$ または $1<x$

③より，$3x+3>0$ ∴ $x>-1$

これらより，$x>1$

(2) $(x^2+x+1)-(2x+1)=x^2-x=x(x-1)>0$
$(x^2+x+1)-(x^2-1)=x+2>0$

よって，3辺のうち最大の辺は，x^2+x+1．この対角を θ とすると，

$$\cos\theta=\frac{(x^2-1)^2+(2x+1)^2-(x^2+x+1)^2}{2(x^2-1)(2x+1)}=\frac{-(2x^3+x^2-2x-1)}{2(2x^3+x^2-2x-1)}=-\frac{1}{2}$$

∴ $\theta=120°$

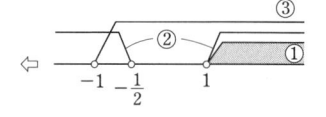

⇐ (1)の答えが①から出てくるので最大辺は x^2+x+1 と予想できる．

⇐ 向かい合う角

⇐ $(x^2-1)^2=x^4-2x^2+1$
$(2x+1)^2=4x^2+4x+1$
$(x^2+x+1)^2$
$=x^4+x^2+1+2x^3+2x+2x^2$

◯1 演習題（解答は p.108）

3辺の長さがそれぞれ，$\sqrt{x^2-2x}$, $4-x$, 2 で表される三角形がある．長さ $\sqrt{x^2-2x}$ の辺は他の2辺より長さが短くないとする．このとき，次の問いに答えよ．

(1) このような三角形が描けるための x の満たす範囲を求めよ．

(2) この三角形の最短の辺と向かい合った角の大きさを θ とするとき，$\cos\theta$ を
$$\cos\theta=\boxed{}\sqrt{1-\dfrac{\boxed{}}{x}}\ \text{の形で表せ}\ (\boxed{}\ \text{には定数が入る}).$$

(3) x が(1)で求めた範囲にあるときの $\cos\theta$ の最小値と，その最小値を与える x の値を求めよ．

（類 九大・文系）

(1) 最大辺がわかっているとき，三角形の成立条件は最大辺が他の2辺の和より小さいことである．

(2) $z\geq 0$ のとき，$z=\sqrt{z^2}$

● 2 メネラウスの定理

三角形 ABC は AB=5, AC=6, BC=7 を満たすとする．辺 AB 上に点 P を取り，AP=t とおく ($0<t<5$)．また，辺 AC の C の側への延長上に点 Q を，三角形 ABC の面積と三角形 APQ の面積が等しくなるように取り，BC と PQ の交点を M とする．BM の長さおよび AQ の長さを t で表せ．

(学習院大・経)

メネラウスの定理

△ABC と直線 l がある．直線 l と直線 AB, BC, CA との交点をそれぞれ，D, E, F とする．各頂点から D, E, F までの長さを図のように a, b, c, d, e, f とすると，
$$\frac{a}{b} \times \frac{c}{d} \times \frac{e}{f} = 1 \quad \cdots\cdots Ⓐ \quad \text{が成り立つ．}$$

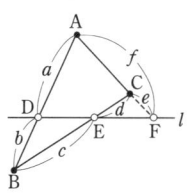

(覚え方) D, E, F を各辺の切片と見る．A→B→C の順でまわるが，切片に立ち寄るようにして，A→D→B→E→C→F→A とする (●と○を交互にたどる)．

(証明) C を通り l に平行な直線を引いて線分比をひとつの直線に集めるところがポイント．図のように G, g を定める．GC∥l なので，線分比を AB 上に移すことができて，
$$\frac{c}{d} = \frac{b}{g}, \quad \frac{e}{f} = \frac{g}{a} \quad Ⓐの左辺に代入すると，\frac{a}{b} \times \frac{b}{g} \times \frac{g}{a} = 1$$

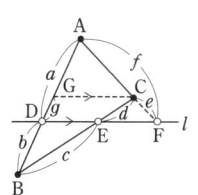

また，メネラウスの定理は，逆も成り立つ．(☞p.118, ミニ講座)

頂角が等しい三角形の面積比

右図で頂角が等しい 2 つの三角形 △OAB，△OCD の面積比は，
$$△OAB : △OCD = ab : cd \quad \cdots\cdots Ⓑ$$

(△OAB と △OCD において，OA, OC を底辺と見ると高さの比は OB : OD であるから．あるいは ∠O=θ とおいて，三角比 (数 I) の面積公式を用いる．)

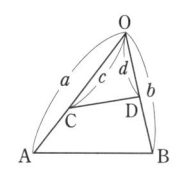

▨解 答▨

AQ=x, BM=y とおくと，右図のようになる．
△ABC : △APQ = 5·6 : $t\cdot x$

△ABC=△APQ より，$tx=30$ ∴ $x=\dfrac{30}{t}$

△ABC と直線 PQ に関してメネラウスの定理を適用し，
$$\frac{\text{AP}}{\text{PB}} \times \frac{\text{BM}}{\text{MC}} \times \frac{\text{CQ}}{\text{QA}} = 1 \quad ∴ \quad \frac{t}{5-t} \times \frac{y}{7-y} \times \frac{x-6}{x} = 1$$

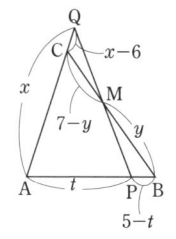

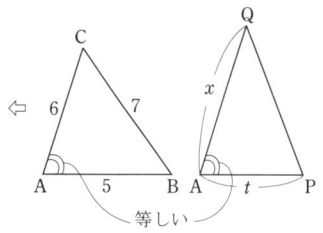

∴ $y(x-6)t=(7-y)(5-t)\cdot x$ ∴ $y\left(\dfrac{30}{t}-6\right)t=(7-y)(5-t)\cdot\dfrac{30}{t}$ ⇦ $x=\dfrac{30}{t}$ を代入

両辺を $6(5-t)$ で割って，$y=(7-y)\cdot\dfrac{5}{t}$ ∴ $y=\dfrac{35}{t+5}$ ⇦ $\left(\dfrac{30}{t}-6\right)t=6(5-t)$

◯2 演習題 (解答は p.108)

四角形 ABCD が円 O に外接している．辺 AB, BC, CD, DA と円 O との接点をそれぞれ P, Q, R, S とし，線分 AP, BQ, CR, DS の長さをそれぞれ a, b, c, d とおく．3 直線 AC, PQ, RS のどの 2 本も平行でないとして，以下の問いに答えよ．
(1) 2 直線 AC, PQ の交点 X が AC を外分する比を a, b, c, d で表せ．
(2) 3 直線 AC, PQ, RS は 1 点で交わることを証明せよ．

(愛知教育大)

> l, m, n の 3 本の直線が 1 点で交わることを証明するには，l と m の交点と l と n の交点が一致することを示せばよい．また，2 接線の長さは等しい (☞p.93)．

◆3 正五角形

円に内接する1辺の長さが1の正五角形 ABCDE がある．点 F, G, H, I, J は対角線の交点である．
(1) △ABE と △IBA が相似であることを示せ．また EI を求めよ．
(2) BE, BI の長さを求めよ．
(3) 正五角形 ABCDE の面積を S_1，五角形 FGHIJ の面積を S_2 とおくとき，$\dfrac{S_2}{S_1}$ の値を求めよ．

（北里大・獣医，海洋生命）

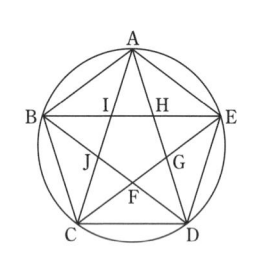

正五角形の対角線を求める　1辺が1の正五角形の対角線の長さを求めるとき，着目する相似な三角形の組には2通りがある．図1, 図2のどちらの場合でも，太線の三角形と網目の三角形が相似であることを用いる．また，AB＝AC（二等辺三角形であることから導ける）であることも用いる．

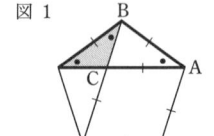

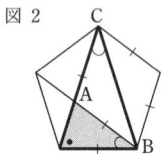

図1　　図2

■解答■

(1) 円周角の定理より，・の角の大きさが等しいので，二角相等により，△ABE∽△IBA
∠EIA＝2×・ により，△EAI は ∠A＝∠I の二等辺三角形だから，EI＝EA＝**1**

(2) BE＝x とおく．
BI＝BE−EI＝$x-1$
△ABE∽△IBA より，
BA：BE＝BI：BA　∴　$1:x=(x-1):1$
∴　$x(x-1)=1$　∴　$x^2-x-1=0$　$x>0$ より，$x=\dfrac{1+\sqrt{5}}{2}$

よって，**BE**＝$\dfrac{1+\sqrt{5}}{2}$，**BI**＝$\dfrac{1+\sqrt{5}}{2}-1=\dfrac{-1+\sqrt{5}}{2}$

(3) 1辺の長さの比を求める．
IH＝BH−BI＝$1-\dfrac{-1+\sqrt{5}}{2}=\dfrac{3-\sqrt{5}}{2}$

よって，$\dfrac{S_2}{S_1}=\left(\dfrac{\text{IH}}{\text{AB}}\right)^2=\left(\dfrac{3-\sqrt{5}}{2}\right)^2=\dfrac{14-6\sqrt{5}}{4}=\dfrac{\mathbf{7-3\sqrt{5}}}{\mathbf{2}}$

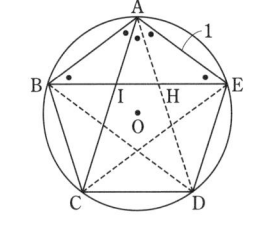

⇐円の中心をOとすると，
∠AOB＝360°÷5＝72° より
・の角は，72°÷2＝36°

⇐AC∥ED, BE∥CD と CD＝DE より，四角形 ICDE はひし形．
よって，EI＝DC＝1 としてもよい．

⇐BH＝BA＝1

⇐相似比が $\dfrac{\text{IH}}{\text{AB}}$

◯3 演習題（解答は p.108）

1辺の長さが1の正五角形 ABCDE において，対角線の交点を下図のように F, G, H, I, J として，正五角形 FGHIJ を作るとき，
(1) AC の長さは◻︎，FG の長さは◻︎ である．
(2) $\cos 36°$＝◻︎，$\cos 72°$＝◻︎ である．
(3) 正五角形 ABCDE に外接する円の面積は◻︎ であり，正五角形 FGHIJ に外接する円の面積は◻︎ である．

（近畿大・医（推薦））

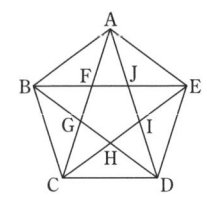

> (1) △ABC と △AFB の相似または △ACD と △DCG の相似を用いる．
> (2) 36°, 72° を角度に持つ直角三角形を用いる．

4 方べきの定理

円周上に4点 A, B, C, D をこの順に時計と逆回りにとる．△ABC と △ACD の面積が等しく，△BCD の面積は △ABD の面積の3倍である．さらに $AB=\dfrac{\sqrt{3}}{3}$，$AD=1$ であるとき，AC, BD を求めよ．

(南山大・外国語，改題)

方べきの定理 図1でも図2でも，
$PA \times PB = PA' \times PB'$ が成り立っている．
これを方べきの定理という．

(証明) 三角形の相似から，容易に示せる．
図1, 図2ともに，△PAA′∽△PB′B である．
なぜなら，∠P が共通であり，∠PAA′=∠PB′B
(∵ 図1は内接四角形の性質により，図2は円周角の定理より)
したがって，PA : PA′=PB′ : PB   ∴ PA×PB=PA′×PB′

図1, 図2のような構図では，方べきの定理を用いない場合でも相似な三角形に着目することがポイントであることが多いので，証明法も覚えておいた方がよい．

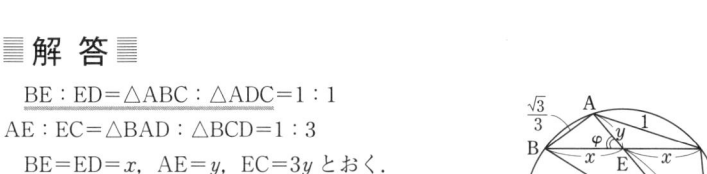

解 答

BE : ED=△ABC : △ADC=1 : 1
AE : EC=△BAD : △BCD=1 : 3
BE=ED=x, AE=y, EC=$3y$ とおく．
方べきの定理より，
EA・EC=EB・ED   ∴ $y \cdot 3y = x^2$
∴ $x=\sqrt{3}\,y$

図のように φ をおく．
△ABE と △ADE で余弦定理を用いる．
$AB^2=x^2+y^2-2xy\cos\varphi$, $AD^2=x^2+y^2+2xy\cos\varphi$
辺々足して，$AB^2+AD^2=2(x^2+y^2)$

∴ $\left(\dfrac{\sqrt{3}}{3}\right)^2+1^2=2\{(\sqrt{3}\,y)^2+y^2\}$

∴ $8y^2=\dfrac{4}{3}$ ∴ $y=\dfrac{1}{\sqrt{6}}$, **AC**$=4y=\dfrac{4}{\sqrt{6}}=\dfrac{2\sqrt{6}}{3}$

∴ $x=\sqrt{3}\,y=\dfrac{\sqrt{3}}{\sqrt{6}}=\dfrac{1}{\sqrt{2}}$, **BD**$=2x=\sqrt{2}$

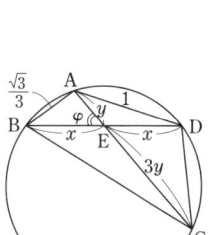

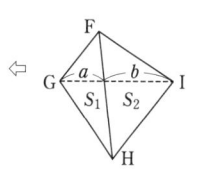

⇐ △FGH=S_1, △FIH=S_2 のとき，FH を底辺と見たときの高さの比が $a:b$ なので，
$S_1:S_2=a:b$

⇐ $\cos(180°-\varphi)=-\cos\varphi$

⇐ E が BD の中点であるとき，
$AB^2+AD^2=2(AE^2+BE^2)$
が成り立つ (中線定理)．

4 演習題 (解答は p.109)

図のように四角形 ADBC の AD と CB の延長線の交点を E，AC と DB の延長線の交点を F とする．4点 A, D, B, C は円 O 上に，4点 C, D, E, F は円 O′ 上にある．このとき，AC=5, CF=3, AD=4 であるとする．

(1) DE の長さを求めなさい．
(2) DB : BF を求めなさい．
(3) ∠ADB を求めなさい．
(4) 円 O の半径を求めなさい．

(愛知学院大・歯，薬)

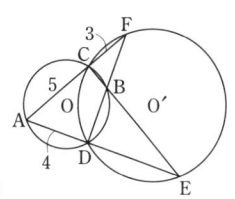

(1) 方べきの定理
(2) メネラウスの定理
(3) 図から見当をつける．円周角の定理，内接四角形の性質を使う．

5 接弦定理

右図のように半径 3 の円 O の周上の点 H における接線を引き，その上に HA＝8 となる点 A をとる．円周上の点 P と A とを結ぶ直線が円 O と 2 点で交わるとし，そのもう 1 つの点を B とする．このとき，B は線分 PA 上にあるとする．$\sin\angle BPH = \dfrac{12}{13}$ のとき，次のそれぞれの値を求めよ．

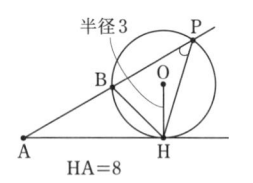

(1) BH＝□   (2) AB＝□
(3) AP＝□   (4) △APH の面積は□である．

(椙山女学園大)

接弦定理 右図のように，円に接線と，円と 2 点で交わる直線が引かれている．この図で，∠PAB＝∠BCA が成り立つ（接弦定理）．
　　また，この図では**方べきの定理**として
$$PA^2 = PB \cdot PC$$
が成り立つ．

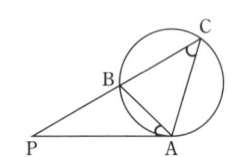

解 答

右図のように，∠BPH＝θ とおく．

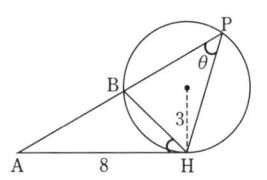

(1) △PBH に正弦定理を用いて，

$$\dfrac{BH}{\sin\theta} = 2\cdot 3$$

∴ $BH = 2\cdot 3 \cdot \sin\theta = 6\cdot\dfrac{12}{13} = \dfrac{\mathbf{72}}{\mathbf{13}}$

⇐ 条件から，$\sin\theta = \dfrac{12}{13}$
$\dfrac{BH}{\sin\theta} = 2R$

(2) 接弦定理より，∠BHA＝∠BPH＝θ

$$\cos\theta = \sqrt{1-\sin^2\theta} = \sqrt{1-\left(\dfrac{12}{13}\right)^2} = \dfrac{5}{13}$$

⇐ $0°<\angle BHA<90°$ より
$0°<\theta<90°$，$\cos\theta>0$

△ABH に余弦定理を適用して，

$$AB^2 = 8^2 + \left(\dfrac{72}{13}\right)^2 - 2\cdot 8\cdot\dfrac{72}{13}\cos\theta = \dfrac{8^2}{13^2}(13^2+9^2-2\cdot 9\cdot 5)$$

∴ $AB = \dfrac{8}{13}\sqrt{160} = \dfrac{\mathbf{32\sqrt{10}}}{\mathbf{13}}$

⇐ AH＝8，$BH = \dfrac{72}{13}$

(3) 方べきの定理より，$AP\cdot AB = AH^2$

$$AP = \dfrac{AH^2}{AB} = \dfrac{8^2}{AB} = 64\cdot\dfrac{13}{32\sqrt{10}} = \dfrac{\mathbf{13\sqrt{10}}}{\mathbf{5}}$$

(4) $\triangle APH = \dfrac{AP}{AB}\triangle ABH$

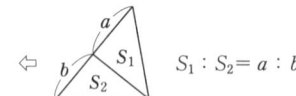

$$= \dfrac{13\sqrt{10}}{5}\cdot\dfrac{13}{32\sqrt{10}}\cdot\left(\dfrac{1}{2}\cdot\dfrac{72}{13}\cdot 8\cdot\dfrac{12}{13}\right) = \dfrac{\mathbf{108}}{\mathbf{5}}$$

⇐ $S_1 : S_2 = a : b$

⇐ $\triangle ABH = \dfrac{1}{2}BH\cdot AH\sin\theta$

○5 演習題 (解答は p.109)

図のような △ABC の外接円 O の円周上の点 A における接線と辺 BC の延長との交点を D とする．外接円 O の半径が 1 で，∠ABC＝45°，CD＝2 であるとき，CA＝□，cos∠ADC＝□，BC＝□，AB＝□ となる．

(帝京大・理工)

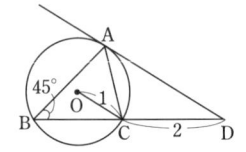

接弦定理，正弦・余弦定理を用いる．

6 角の二等分線と外接円

AB=5，BC=7，CA=3 の △ABC において，∠A の 2 等分線が △ABC の外接円と交わる点を D，BC と AD との交点を E とするとき，次の値を求めよ．
（1） cos∠BAC の値　（2） AE の長さ　（3） AD の長さ
（実践女子大）

角の二等分線の扱い方
右図で，
$$\text{AD が }\angle A\text{ の二等分線} \iff a:b=c:d$$
が成り立つ．
（証明）△ABD と △ACD の面積比を 2 通りに表すことによって示す．
　△ABD と △ACD は図の○角が等しいので，（p.97 の⑱を用い，）
　　　△ABD：△ACD ＝ $a \times$ AD：$b \times$ AD ＝ $a:b$
　一方，△ABD と △ACD は，BD，DC を底辺と見れば高さが等しいので，
　　　△ABD：△ACD ＝ $c:d$
よって，$a:b=c:d$

面積の利用　角の二等分線の長さを求めるときは，面積を 2 通りに表して，等式を作る方法がある．
（2）はこの方法が手早い．（場合によっては，数Ⅱの知識が必要になる）

解 答

（1） $\cos\angle\text{BAC}=\dfrac{5^2+3^2-7^2}{2\cdot 5\cdot 3}=-\dfrac{1}{2}$ 　　　⇐△ABC で余弦定理を使った．

（2）（1）より，∠BAC＝120°．AD が角の二等分線であることより，∠BAE＝∠CAE＝60°
　△ABE＋△ACE＝△ABC であるから，
$$\frac{1}{2}\cdot 5\cdot\text{AE}\cdot\sin 60°+\frac{1}{2}\cdot 3\cdot\text{AE}\cdot\sin 60°=\frac{1}{2}\cdot 5\cdot 3\cdot\sin 120°$$
　　　∴ AE＝$\dfrac{15}{8}$　　　⇐ $\sin 120°=\sin 60°$

（3） AE は∠A の二等分線だから，BE：EC＝AB：AC＝5：3　　⇐角の二等分線の定理
BE＝$\dfrac{5}{5+3}$BC＝$\dfrac{35}{8}$，EC＝$\dfrac{3}{5+3}$BC＝$\dfrac{21}{8}$
方べきの定理より，EA・ED＝EB・EC
∴ ED＝$\dfrac{\text{EB}\cdot\text{EC}}{\text{EA}}=\dfrac{35}{8}\cdot\dfrac{21}{8}\cdot\dfrac{8}{15}=\dfrac{49}{8}$，AD＝AE＋ED＝$\dfrac{15}{8}+\dfrac{49}{8}=$**8**

---

6 演習題（解答は p.110）

三角形 ABC において，AB＝5，AC＝4，∠BAC＝60°とする．∠BAC の二等分線と辺 BC の交点を D，三角形 ACD の外接円と辺 AB の交点を E とする．
（1） BC＝□ である．
（2） 三角形 ABC，三角形 ABD の面積をそれぞれ S_1，S_2 とすると $S_1:S_2=$□：□
（3） AD＝□ である．
（4） 三角形 ACD の外接円の半径は□である．
（5） AE＝□，CE＝□ である．　　　（星城大）

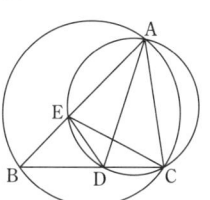

（3） 面積を 2 通りに表して等式を作る．

7 傍接円と接線の長さ

右図のように，△ABCにおいて，AB=6，CA=$4\sqrt{3}$，∠BAC=30°，∠A内の傍接円（辺BCおよび辺AC，ABの延長に接する円）の接点をD，E，Fとするとき，BC=□ となり，△ABCの内接円の半径は□である．また，FC=□となり，傍接円の半径は□である．
(東海学園大，一部省略)

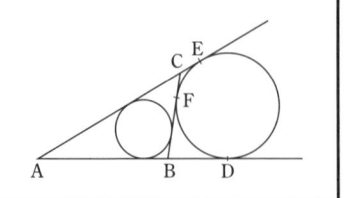

傍接円 三角形の外側で，三角形の3辺（延長も含む）に接する円を傍接円と言う．傍接円は図のように3個ある．傍接円に接する接線に関しての長さを求めるには，円の外側の1点から引いた接線の長さ（円外の点と接点の距離）が等しいことを用いる．三角形の頂点ごとに式を立てることができるので3個の式がある．傍接円の半径は，内接円の半径の求め方（解答の①）と同様に，三角形の面積を経由することで求めることができる．

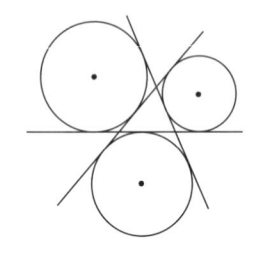

解 答

△ABC に余弦定理を用いて，
$BC^2 = 6^2 + (4\sqrt{3})^2 - 2 \cdot 6 \cdot 4\sqrt{3} \cos 30° = 12$
∴ $BC = 2\sqrt{3}$

⇔ $36+48-72=12$

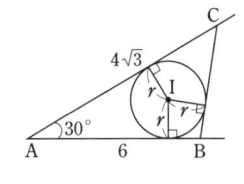

内接円の中心を I，半径を r とすると，
△ABC = △ABI + △BCI + △CAI ……①

⇔ 内接円の半径を求める．

$\frac{1}{2} \cdot 6 \cdot 4\sqrt{3} \sin 30° = \frac{1}{2} \cdot 6r + \frac{1}{2} \cdot 2\sqrt{3} r + \frac{1}{2} \cdot 4\sqrt{3} r$

⇔ $6\sqrt{3} = 3r + \sqrt{3}r + 2\sqrt{3}r$

$r = \frac{6\sqrt{3}}{3\sqrt{3}+3} = \frac{2\sqrt{3}}{\sqrt{3}+1} = \frac{2\sqrt{3}(\sqrt{3}-1)}{3-1} = \mathbf{3-\sqrt{3}}$

CF=CE=a，BF=BD=b とおくと，
BC=$2\sqrt{3}$ より，$a+b=2\sqrt{3}$，AE=AD より，$4\sqrt{3}+a=6+b$
したがって，$a = \mathbf{3-\sqrt{3}}$，$b=3\sqrt{3}-3$

⇔ C，Bからの接線の長さに着目．
⇔ もう1つの頂点Aからの接線の長さを忘れないように．

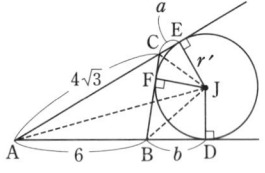

傍接円の中心を J，半径を r' とすると，
△ABC = △AJC + △AJB − △BJC
$\frac{1}{2} \cdot 6 \cdot 4\sqrt{3} \sin 30° = \frac{1}{2} \cdot 4\sqrt{3} r' + \frac{1}{2} \cdot 6 r' - \frac{1}{2} \cdot 2\sqrt{3} r'$

⇔ $6\sqrt{3} = 2\sqrt{3}r' + 3r' - \sqrt{3}r'$

$r' = \frac{6\sqrt{3}}{3+\sqrt{3}} = \frac{6\sqrt{3}(3-\sqrt{3})}{3^2-3} = \mathbf{3\sqrt{3}-3}$

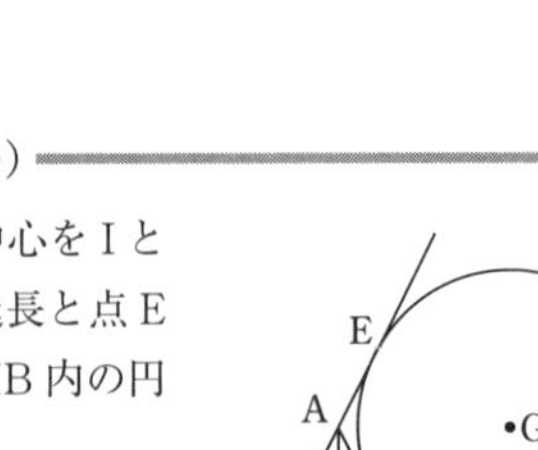

○7 演習題（解答は p.110）

AB=AC である二等辺三角形 ABC の内接円の中心を I とし，内接円と辺 BC の接点を D とする．辺 BA の延長と点 E で，辺 BC の延長と点 F で接し，辺 AC と接する∠B内の円の中心を G とする．
（1）AD=GF となることを証明せよ．
（2）AB=7，BD=3 のとき，IG の長さを求めよ．
(岐阜聖徳学園大)

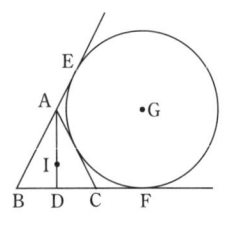

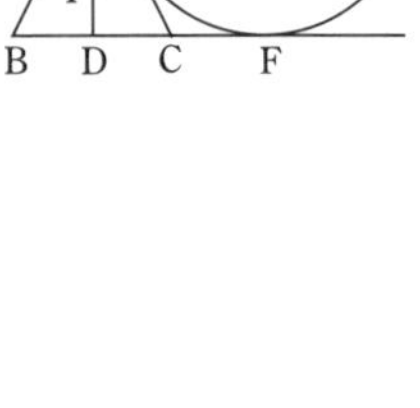

（1）ADFG が長方形になることを示す．
（2）B, I, G は一直線上にある．また，角の二等分線の定理も用いる．

8 接している円の半径

右図のように半径5の円Oと半径3の円O′が接しており，この2つの円に直線 l が点A，Bで接している．さらに円O，円O′，直線 l に接する円Rがある．このとき，AB=□ であり，円Rの半径の長さ r は $r=$ □ である．

（中部大・応生，生命，現代教）

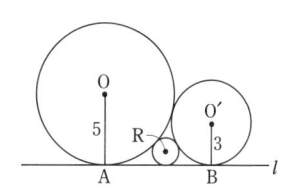

接する2円 2円が接するとき，「2円の中心間距離は，2円の半径の和」になる．

また，円と直線が接するとき，「中心と接点を結ぶ半径は直線に垂直」になる．

これを用いるために，2円の中心を結ぶ線分や中心と接点を結ぶ線分を補助線として用いる．また，右側の構図で，ABを求めるには，O′からOAに垂線を下ろして直角三角形を作る．

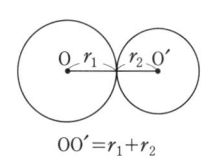

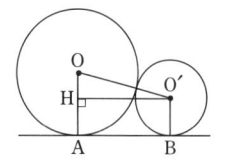

$OO'=r_1+r_2$

解答

右図のように，接する2円S，Tが直線 m にP，Qで接している構図で，PQの長さを求めておく．HはTからSPに下ろした垂線の足とする．
△SHTに三平方の定理を用いて，

$PQ=TH=\sqrt{ST^2-SH^2}$
$=\sqrt{(a+b)^2-(a-b)^2}=\sqrt{4ab}=2\sqrt{ab}$

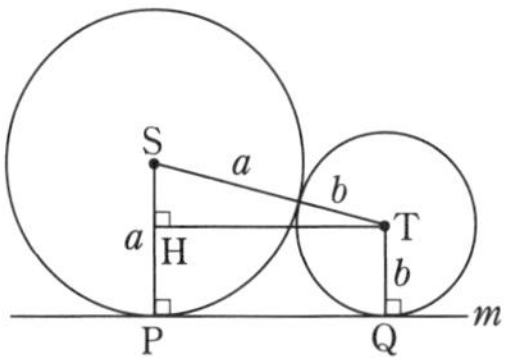

右図で，円O，O′に上の事実を用いて，
$AB=2\sqrt{5\cdot3}=\mathbf{2\sqrt{15}}$

RとABの接点をDとする．
右図で，円O，Rに上の事実を用いて，
$AD=2\sqrt{5\cdot r}=2\sqrt{5}\sqrt{r}$

円R，O′に上の事実を用いて，
$DB=2\sqrt{3\cdot r}=2\sqrt{3}\sqrt{r}$

ここで，AB=AD+DB ∴ $2\sqrt{15}=2\sqrt{5}\sqrt{r}+2\sqrt{3}\sqrt{r}$

∴ $\sqrt{r}=\dfrac{\sqrt{15}}{\sqrt{5}+\sqrt{3}}$ ∴ $r=\dfrac{15}{8+2\sqrt{15}}=\mathbf{\dfrac{15}{2}(4-\sqrt{15})}$

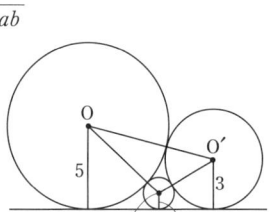

⇦問題の図では，接する2円に共通接線を引く構図が複数見られるので一般の式を用意しておく．

⇦HPQTは長方形で，PQ=TH

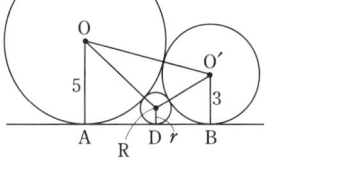

⇦2円が接するから，ST=a+b

⇦$\dfrac{1}{4+\sqrt{15}}=\dfrac{4-\sqrt{15}}{4^2-15}=4-\sqrt{15}$

● 8 演習題 （解答は p.110）

右図のように，円Cに3つの円 C_1，C_2，C_3 が内接し，さらに C_1，C_2，C_3 が互いに外接している．ここで，Cの半径をR，C_1 の半径を r_1，C_2 と C_3 の半径を r_2 とする．また，C_1，C_2，C_3 の中心を O_1，O_2，O_3 とする．

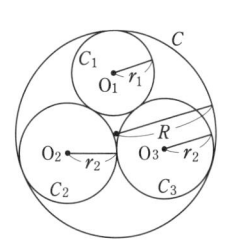

(1) △$O_1O_2O_3$ が正三角形のとき，$r_1=$ □ R

(2) △$O_1O_2O_3$ が直角二等辺三角形のとき，
　　$r_2=$ □ r_1，$r_1=$ □ R

(3) $r_2=\dfrac{R}{2}$ のとき，$r_1=$ □ R　　(4) $r_2=$ □ R のとき，$r_1=\dfrac{R}{2}$　　（東京工科大）

(4) この手の問題では，辺の長さを計算するときに，ルートが残ることがある．ひるまずに計算する．

9 立体の埋め込み

一辺の長さが 2 の立方体がある．この立方体の 6 つの面の中心（対角線の交点）を頂点とする正八面体の表面積は ◯ であり，内接球の半径は ◯ である．
(東京薬大・薬)

立体の埋め込み 立方体の隣り合わない 4 個の頂点を結ぶと正四面体ができる（左端図で，1 辺の長さはすべて正方形の対角線だから）．また，立方体の面の中心（対角線の交点）を頂点にして立体を作ると正八面体ができる．正八面体の計量は，この性質を用いると簡単にできる．逆に，正八面体の各面の中心（三角形の重心）を結んで立体を作ると立方体になる．また，正四面体の辺の中点を結ぶと正八面体になる．

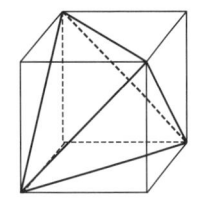

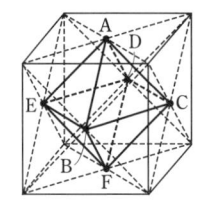

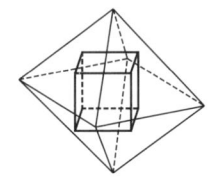

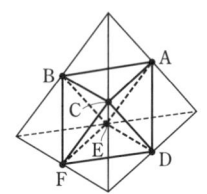

解答

正八面体の 1 辺の長さは，図 2 より
$$BE = \sqrt{1^2+1^2} = \sqrt{2}$$
正八面体の各面は 1 辺が $\sqrt{2}$ の正三角形なので，各面の面積 S は，$S = \dfrac{\sqrt{3}}{4}(\sqrt{2})^2 = \dfrac{\sqrt{3}}{2}$

正八面体の表面積は，$8S = \mathbf{4\sqrt{3}}$

正八面体の体積 V は，
$$V = (四角錐\ A\text{-}BCDE) \times 2$$
$$= \dfrac{1}{3}(\sqrt{2})^2 \cdot 1 \times 2 = \dfrac{4}{3}$$

(三角錐 G-ABC) の体積を W とすると，
$$V = 8W$$

内接球の半径を r とすると，$W = \dfrac{1}{3}Sr$

よって，
$$V = 8W = \dfrac{8}{3}Sr \quad \therefore\ r = \dfrac{3V}{8S} = \dfrac{4}{4\sqrt{3}} = \dfrac{1}{\sqrt{3}}$$

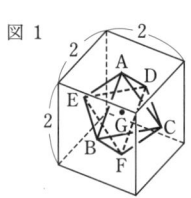

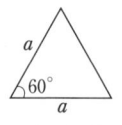

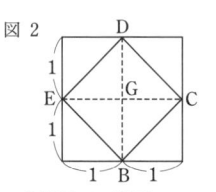

⇦ 1 辺が a の正三角形の面積は，
$$\dfrac{1}{2}a^2 \sin 60° = \dfrac{\sqrt{3}}{4}a^2$$

⇦ $\dfrac{1}{3} \cdot \Box BCDE \cdot AG$
また，AG = FG = 1

⇦ G と各頂点を結ぶと 8 つの合同な四面体ができる．

図 1／図 2 BCDE での断面／図 3

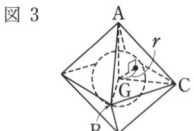

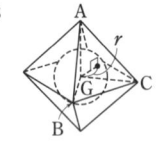

○9 演習題 （解答は p.111）

3 辺の長さが BC = $2a$，CA = $2b$，AB = $2c$ であるような鋭角三角形 △ABC の 3 辺 BC，CA，AB の中点をそれぞれ L，M，N とする．線分 LM，MN，NL に沿って三角形を折り曲げ，四面体をつくる．その際，線分 BL と CL，CM と AM，AN と BN はそれぞれ同一視されて，長さが a，b，c の辺になるものとする．直方体の 4 頂点を結んでこの四面体を作ることをヒントにして，この四面体の体積を求めよ． (東大, 改題)

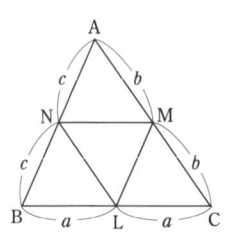

直方体に埋め込む（前文左上図参照）．
立方体から正四面体を切り出す要領で，直方体から 4 つの隅を落とすと，面が合同な四面体ができる．除く部分の体積を求める．

10 最短距離

1辺の長さが3の正四面体 ABCD の辺 AB，AC，CD，DB 上にそれぞれ点 P，Q，R，S を，AP＝1，DS＝2 となるようにとる．
（1） △APS の面積を求めよ．
（2） 3つの線分の長さの和 PQ＋QR＋RS の最小値を求めよ．

（東北学院大・文系）

展開図の利用　立体の表面での最短距離を求める問題では，展開図を利用するのが定石である．展開図で2点を結んだ線分が最短コースである．

解答

（1） $\triangle APS = \dfrac{AP}{AB} \triangle ABS$

$= \dfrac{1}{3}\left(\dfrac{1}{2}\cdot 3\cdot 1\cdot \sin 60°\right) = \dfrac{\sqrt{3}}{4}$

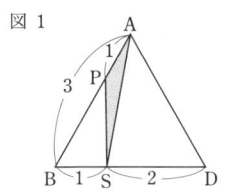

⇐ AB を底辺として見て，△APS：△ABS＝AP：AB

（2） PQ，QR，RS が折れ線でつながるような展開図を描く．図2のように QR を底面に持ってきて，BA，BC，BD を切って，立体を開く（図3）．

⇐ AC，CD を切らないようにする．

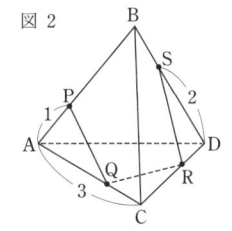

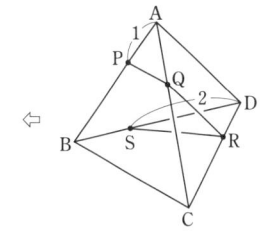

2点を結ぶ折れ線 PQRS の長さが最小となるのは，折れ線が線分 PS に一致するときである．

長さの和は，
PQ＋QR＋RS≧PS
（等号成立は，Q，R が線分 PS 上にあるとき）
を満たす．左辺の最小値は PS の長さに等しい．

図3で，$B_0P=4$，$B_0S=5$
$\triangle B_0PS$ に余弦定理を用いて，
$PS^2 = 4^2 + 5^2 - 2\cdot 4\cdot 5\cos 60°$
$= 41 - 2\cdot 4\cdot 5\cdot \dfrac{1}{2} = 21$
∴ $PS = \sqrt{21}$

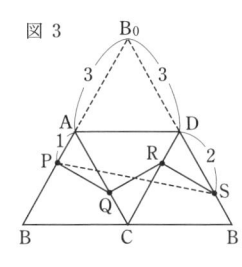

⇐ 上図から，図3の展開図（破線部は除く）を描くことができる人は，図2をあらためて描く必要はない．

⟡ 10 演習題（解答は p.112）

次の条件をみたす四角錐 O-ABCD を考える．
（ⅰ）四角形 ABCD は1辺の長さが1の正方形である．
（ⅱ）OA＝OB＝OC＝OD＝2

線分 OB 上の点 E を，線分の長さの和 AE＋EC が最小になるようにとる．3点 A，C，E を通る平面と直線 OD との交点を F とおく．
（1）四角錐 O-ABCD の体積 V_1 を求めよ．
（2）線分 OE と OF の長さを求めよ．
（3）四角錐 O-AECF の体積 V_2 を求めよ．

（名古屋工大－後）

（2）△OAB と △OCB をつなげた展開図で考える．
（3）底面を AECF としたときの高さは？　実は（2）がヒント．

11　2平面のなす角

（ア）　正四面体 ABCD の2面のなす角（鋭角）を θ とするとき，$\cos\theta$ の値を求めよ．
（帝京技科大）

（イ）　1つの面を共有する2つの正四面体 ABCD と A′BCD がある．4点 A, A′, B, C を頂点とする四面体について次の問いに答えよ．ただし，辺 AB の長さを a とする．
（1）　辺 AA′ の長さを求めよ．
（2）　2つの面 ACD と A′CD のなす角（鈍角）を θ とするとき，$\cos\theta$ の値を求めよ．
（静岡大・理，工）

2平面のなす角　交わる2つの平面 α, β があるとき，各平面上に，交線 l に垂直に引いた2直線 m, n のなす角を2平面 α, β のなす角という．2平面 α, β のなす角が $90°$ のとき，α, β は垂直であるといい，$\alpha\perp\beta$ と書く．

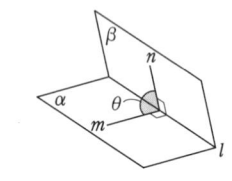

解答

（ア）　CD の中点を M，A から $\triangle$BCD に下ろした垂線の足を H とする．H は $\triangle$BCD の重心であり，中線 BM 上にある．HM : BM = 1 : 3
$\triangle$BCD，$\triangle$ACD が二等辺三角形なので，BM$\perp$CD，AM$\perp$CD．よって，$\theta=\angle$AMH

$$\cos\theta=\frac{\text{HM}}{\text{AM}}=\frac{\text{HM}}{\text{BM}}=\frac{1}{3}$$

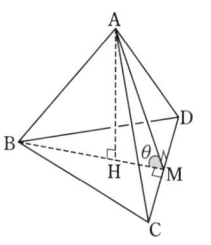

⇐ $\triangle$ABH$\equiv\triangle$ACH$\equiv\triangle$ADH より BH=CH=DH であり，H は $\triangle$BCD の外心．$\triangle$BCD は正三角形なので，H は重心に一致する．

（イ）（1）　前問の図に正四面体 A′BCD を加える．
$$\text{AM}=\text{BM}=\text{A}'\text{M}=a\sin 60°=\frac{\sqrt{3}}{2}a$$

対称性により，AA′$\perp\triangle$BCD であり，H は AA′ の中点である．また，$\theta=\angle$AMA′ である．

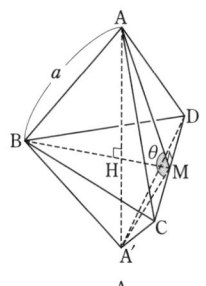

$$\text{BH}=\frac{2}{3}\text{BM}=\frac{\sqrt{3}}{3}a$$

$$\text{AH}=\sqrt{\text{AB}^2-\text{BH}^2}=\sqrt{a^2-\left(\frac{\sqrt{3}}{3}a\right)^2}=\frac{\sqrt{6}}{3}a$$

$$\text{AA}'=2\text{AH}=\frac{2\sqrt{6}}{3}a$$

⇐ AM$\perp$CD，A′M$\perp$CD

（2）　$\angle$AMA′$=\theta$ であり，$\triangle$AA′M に余弦定理を用いて

$$\cos\theta=\frac{\left(\frac{\sqrt{3}}{2}a\right)^2+\left(\frac{\sqrt{3}}{2}a\right)^2-\left(\frac{2\sqrt{6}}{3}a\right)^2}{2\left(\frac{\sqrt{3}}{2}a\right)\left(\frac{\sqrt{3}}{2}a\right)}=-\frac{7}{9}$$

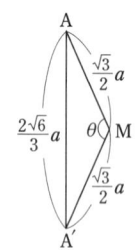

⇐ $\dfrac{\frac{3}{4}+\frac{3}{4}-\frac{8}{3}}{\frac{3}{2}}=\dfrac{-\frac{7}{6}}{\frac{3}{2}}$

11　演習題（解答は p.112）

1辺の長さが等しい正四面体 ABCD と正八面体 EFGHIJ がある．正四面体の面 ABC と正八面体の面 EGF を A と E，C と F，B と G が重なるようにぴったりと合わせると，B, C, D, J が同一平面上にあることを示せ．

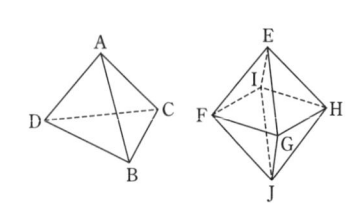

正四面体の2つの面のなす角と正八面体の2つの面のなす角の和が $180°$ であることを示せばよい．

12 オイラーの多面体定理

正五角形と正六角形の面からなる凸多面体がある．この多面体で，正五角形の面の個数，正六角形の面の個数を求めよ．ただし，正五角形の面どうしが辺を共有することはないものとする．

オイラーの多面体定理 直方体や四角錐などのように平面で囲まれた立体を多面体という．特に，へこみのない多面体を凸多面体という．凸多面体の頂点の数，辺の数，面の数を v, e, f とすると，$v-e+f=2$ が成り立つ．これをオイラーの多面体定理という．

多面体の性質
① 1つの頂点に集まる面の数は 3 以上．
② 凸多面体のとき，1つの頂点に集まる角の和は $360°$ 未満．

解答

正五角形の面の数を m, 正六角形の面の数を n, この立体の頂点の数を v, 辺の数を e, 面の数を f とする．

正五角形の1つの内角は $108°$ であり，凸多面体の1つの頂点に集まる角の和は $360°$ 未満なので，$360°\div 108°=3.3\cdots\cdots<4$ であり，1つの頂点に集まる面の個数は3個以上なので，この立体の1つの頂点に集まる面の数は，正五角形と正六角形を合わせて3個である． ⇦正五角形であっても多くて3個．

正五角形どうしが辺を共有することはないので，1つの頂点には正五角形が1個，正六角形が2個集まっている．正五角形と正六角形の角の数の比より
$5m:6n=1:2$ ∴ $5m=3n$ ……①

正五角形と正六角形の角の個数は，$5m+6n$. 1つの頂点には3個の角が集まっているので，$5m+6n=3v$ ∴ $v=\dfrac{5m+6n}{3}$ ……②

立体の面をバラして考えると，辺の個数は $5m+6n$. 立体の1本の辺は，バラした面の2本の辺をくっつけてできているので，$5m+6n=2e$
∴ $e=\dfrac{5m+6n}{2}$ ……③

面の数について，$f=m+n$ ……④

ここで，オイラーの多面体定理の式 $v-e+f=2$ に②，③，④を代入し，
$\dfrac{5m+6n}{3}-\dfrac{5m+6n}{2}+m+n=2$ ∴ $\dfrac{1}{6}m=2$ ∴ $\boldsymbol{m=12}$

①より，$\boldsymbol{n=\dfrac{5m}{3}=\dfrac{60}{3}=20}$

➡注 $v=60$, $e=90$, $f=32$ である．

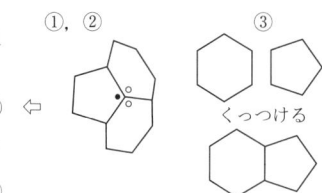

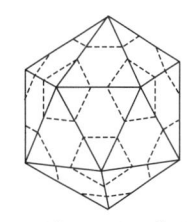

⇦正二十面体の辺を3等分する点を取り，頂点から正五角錐を裁ち落とすと，問題の条件を満たす立体図形ができる．

○12 演習題（解答は p.113）

（1）整数 x, y, z は，$x\geqq 3$, $y\geqq 3$, $z\geqq 1$ および $\dfrac{1}{x}+\dfrac{1}{y}-\dfrac{1}{z}=\dfrac{1}{2}$ を満たす．

（ⅰ）$x=3$ のとき，y, z の組を求めよ．また，$x\geqq 4$ のとき，$y=3$ であることを示せ．

（ⅱ）x, y, z の組をすべて求めよ．

（2）正多面体の頂点の数，面の数，辺の数をそれぞれ p, f, e とし，1つの頂点に集まる辺の数を m, 1つの面を構成する辺の数を n とする．このとき，$mp=\boxed{}e$, $nf=\boxed{}e$ である．また，p, f, e の間には $p+f-e=2$ の関係が必ず成り立つ（証明しなくてよい）．よって，（1）より，正多面体は全部で $\boxed{}$ 種類しか存在しないことがわかる．p が最大値 $\boxed{}$ をとるとき，$f=\boxed{}$, $e=\boxed{}$ である．

（武庫川女子大・建築／(1)改題）

（1）p.68 と同様．
（2）例題と同様に立体の辺や面をバラして考える．導いた方程式は（1）と同等なものになるはず．

図形の性質 演習題の解答

1…B**○	2…B**	3…B***
4…C***	5…B***	6…B***
7…C***	8…C***	9…C***
10…B***	11…B**	12…B***

1 (1) 最大辺が a のときは，三角形の成立条件は，$a<b+c$ と1つの式だけで O.K.
(2) $z\sqrt{w}$ ($z\geqq 0$) は，$\sqrt{z^2 w}$ と変形できる．
(3) x が増加すると $\cos\theta$ はどうなるか？ また最小値の計算では(1)の途中経過が再利用できる．

解 (1) $\sqrt{x^2-2x}$ が正の実数なので，
$x^2-2x>0$ ∴ $x<0$ または $2<x$ ……①
$4-x>0$ なので，$4>x$ ……②
$\sqrt{x^2-2x}$ が他の辺の長さ以上なので，
(i) $\sqrt{x^2-2x}\geqq 4-x$ かつ (ii) $\sqrt{x^2-2x}\geqq 2$
(i) $\sqrt{x^2-2x}\geqq 4-x$ ∴ $x^2-2x\geqq (4-x)^2$ …☆
∴ $6x\geqq 16$ ∴ $x\geqq \dfrac{8}{3}$ ……③
(ii) $\sqrt{x^2-2x}\geqq 2$ ∴ $x^2-2x\geqq 4$ …☆
∴ $x^2-2x-4\geqq 0$
∴ $x\leqq 1-\sqrt{5}$ または $1+\sqrt{5}\leqq x$ ……④
三角形の成立条件から，
$\sqrt{x^2-2x}<(4-x)+2$ ∴ $\sqrt{x^2-2x}<6-x$
∴ $x^2-2x<(6-x)^2$ ……☆
∴ $10x<36$ ∴ $x<\dfrac{18}{5}$ ……⑤

①, ②, ③, ④, ⑤を満たす x は，$\mathbf{1+\sqrt{5}\leqq x<\dfrac{18}{5}}$

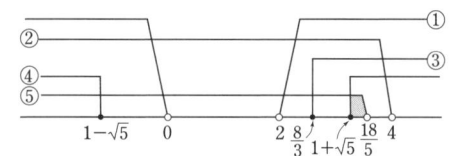

➡注 $A>0$, $B>0$ のとき，
$\sqrt{A}>B \iff A>B^2$
$\sqrt{A}<B \iff A<B^2$
①, ②が成り立つので，☆の式変形をすることができる．
(2) (1)より $x>2$ なので，$2>4-x$

最短の辺の長さは $4-x$ である．
$4-x$ の向かいの角を θ とすると，余弦定理を用いて，
$$\cos\theta = \frac{(\sqrt{x^2-2x})^2+2^2-(4-x)^2}{2\cdot\sqrt{x^2-2x}\cdot 2}$$
$$= \frac{3(x-2)}{2\sqrt{x^2-2x}} = \frac{3}{2}\sqrt{\frac{(x-2)^2}{x(x-2)}} \quad (\because\ x>2)$$
$$= \frac{3}{2}\sqrt{\frac{x-2}{x}} = \frac{3}{2}\sqrt{1-\frac{2}{x}}$$

(3) x (>0) が増加すると，$\dfrac{2}{x}$ は減少し，$1-\dfrac{2}{x}$ は増加するから，$\cos\theta$ も増加する．$x=1+\sqrt{5}$ のとき最小値をとる．

④を導いた経過より，$x=1+\sqrt{5}$ のとき，$\sqrt{x^2-2x}=2$ を満たすので，(2)の波線部に $x=1+\sqrt{5}$ を代入して，
$$\frac{3\{(1+\sqrt{5})-2\}}{2\cdot 2} = \frac{\mathbf{3(\sqrt{5}-1)}}{\mathbf{4}}$$

➡注 (2)の原題は「$\cos\theta$ を x を用いて表せ．」

2 (1) メネラウスの定理を用いる．
(2) RS, AC の交点を X' として，AX':X'C の比を求める．これが(1)の比と等しいことを言えばよい．

解 (1) 1点から引いた2接線の長さが等しいことより，右図のようになる．
△ABC と直線 XQ に関してメネラウスの定理を用い，
$$\frac{BQ}{QC}\cdot\frac{CX}{XA}\cdot\frac{AP}{PB}=1$$
∴ $\dfrac{b}{c}\cdot\dfrac{CX}{XA}\cdot\dfrac{a}{b}=1$ ∴ $\mathbf{AX:XC=a:c}$

(2) 2直線 RS, AC の交点を X' とする．(1)と同様にして計算すると，
AX':X'C = $a:c$
X も X' も，AC を $a:c$ に外分する点なので，X と X' は一致する．よって，AC, PQ, RS は1点で交わる．

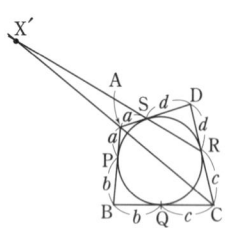

3 (1) △ABC∽△AFB を用いる．
(2) 36°, 72° を持つ直角三角形を作る．
(3) 正弦定理で半径を求める．

解 (1) 正五角形の外接円の1辺に対する中心角が 72° なので円周角は 36° であり，図の • は 36° になる．

△CBF は二等辺三角形で，
CF＝CB＝1
　AC＝x とおくと，
AF＝AC−CF＝$x-1$
△ABC と△AFB において
二角相等で，△ABC∽△AFB
　　AC：AB＝AB：AF
　∴　AC・AF＝AB^2
　∴　$x(x-1)=1^2$　∴　$x^2-x-1=0$
$x>0$ より，**AC**＝$x=\dfrac{1+\sqrt{5}}{2}$
FG＝AC−AF−CG＝AC−2AF
　　　＝$x-2(x-1)=2-x=2-\dfrac{1+\sqrt{5}}{2}=\dfrac{\mathbf{3-\sqrt{5}}}{\mathbf{2}}$

（2）A から BE に引いた垂線と，BE，CD との交点を
K，L とする．
　　$\cos 36°=\dfrac{BK}{AB}=\dfrac{BE}{2\cdot AB}=\dfrac{x}{2}=\dfrac{\mathbf{1+\sqrt{5}}}{\mathbf{4}}$
　　$\cos 72°=\dfrac{CL}{AC}=\dfrac{1}{2}\div\dfrac{1+\sqrt{5}}{2}=\dfrac{\mathbf{-1+\sqrt{5}}}{\mathbf{4}}$

（3）正五角形 ABCDE の外接円の半径を R とする．
△ABC で正弦定理を用いて，$R=\dfrac{AB}{2\sin 36°}=\dfrac{1}{2\sin 36°}$
正五角形 ABCDE の外接円の面積は，
$$\pi R^2=\pi\left(\dfrac{1}{2\sin 36°}\right)^2=\pi\cdot\dfrac{1}{4(1-\cos^2 36°)}$$
$$=\pi\cdot\dfrac{1}{4\left\{1-\left(\dfrac{1+\sqrt{5}}{4}\right)^2\right\}}=\dfrac{4}{4^2-(1+\sqrt{5})^2}\pi$$
$$=\dfrac{2}{5-\sqrt{5}}\pi=\dfrac{2(5+\sqrt{5})}{5^2-5}\pi=\dfrac{\mathbf{5+\sqrt{5}}}{\mathbf{10}}\pi$$
正五角形 FGHIJ の外接円の面積は，相似比を考えて，
$$\left(\dfrac{FG}{AB}\right)^2\pi R^2=\left(\dfrac{3-\sqrt{5}}{2}\right)^2\cdot\dfrac{5+\sqrt{5}}{10}\pi$$
$$=\dfrac{7-3\sqrt{5}}{2}\cdot\dfrac{5+\sqrt{5}}{10}\pi=\dfrac{20-8\sqrt{5}}{20}\pi=\dfrac{\mathbf{5-2\sqrt{5}}}{\mathbf{5}}\pi$$

4　使う定理は，（1）…方べきの定理，（2）…メネラウスの定理，（3）…円周角の定理と内接する四角形の性質，（4）…三平方の定理，である．（3）は答えの見当がつくだろう．

解（1）円 O′ に関する方べきの定理より，
　　AC・AF＝AD・AE
　∴　$5\cdot(5+3)=4\cdot(4+DE)$
　これより，**DE＝6**

（2）△ADF と直線 CE に関して，メネラウスの定理を用い，
$$\dfrac{FC}{CA}\cdot\dfrac{AE}{ED}\cdot\dfrac{DB}{BF}=1$$
　∴　$\dfrac{3}{5}\cdot\dfrac{4+6}{6}\cdot\dfrac{DB}{BF}=1$　∴　**DB：BF＝1：1**

（3）∠ADB＝θ とおく．∠FDE＝$180°-\theta$．円周角の定理により，弧 EF に注目して，∠FCE＝$180°-\theta$．
　四角形 ADBC が円に内接するので，
∠ADB＝∠FCE　∴　$\theta=180°-\theta$　∴　$\theta=\mathbf{90°}$

（4）∠ADB＝90° に注意すると，円 O の直径は AB である．そこでまず DB を求める．ここで，
　　DF＝$\sqrt{AF^2-AD^2}=\sqrt{(5+3)^2-4^2}=4\sqrt{3}$
（2）より，DB＝$\dfrac{1}{2}$DF＝$2\sqrt{3}$
　　AB＝$\sqrt{AD^2+DB^2}=\sqrt{4^2+(2\sqrt{3})^2}=2\sqrt{7}$
よって，半径の長さは $\sqrt{7}$

5　接弦定理と正弦・余弦定理で片が付く．

解　△ABC の外接円の半径は1．正弦定理を用いて，
　　$\dfrac{CA}{\sin 45°}=2\cdot 1$
　∴　CA＝$2\cdot 1\cdot\sin 45°$
　　　　＝$2\cdot\dfrac{\sqrt{2}}{2}=\sqrt{\mathbf{2}}$

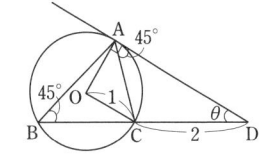

接弦定理より，
∠CAD＝∠ABC＝45°
∠ADC＝θ とおき，△ACD に正弦定理を用いて，
$$\dfrac{CA}{\sin\theta}=\dfrac{CD}{\sin 45°}$$
　∴　$\sin\theta=\dfrac{CA}{CD}\sin 45°=\dfrac{\sqrt{2}}{2}\cdot\dfrac{\sqrt{2}}{2}=\dfrac{1}{2}$

$\theta<180°-45°$ なので，$\theta=30°$，$\cos\theta=\dfrac{\sqrt{3}}{2}$
∠ACB＝∠CAD＋∠CDA＝$45°+\theta=75°$
　∴　∠BAC＝$180°-45°-75°=60°$
そこで △ABC に正弦定理を用いて，$\dfrac{BC}{\sin 60°}=2\cdot 1$
　∴　**BC**＝$2\sin 60°=2\cdot\dfrac{\sqrt{3}}{2}=\sqrt{\mathbf{3}}$

［AB を正弦定理で求めようとすると，$\sin 75°$ を用いなければならない．そこで，以下のようにする．］
　円周角の定理により，∠AOB＝2∠ACB＝150°
　よって，△OAB で余弦定理を用いて，

$$AB = \sqrt{1^2 + 1^2 - 2 \cdot 1 \cdot 1 \cos 150°}$$
$$= \sqrt{2+\sqrt{3}} = \sqrt{\frac{4+2\sqrt{3}}{2}} = \frac{\sqrt{3}+1}{\sqrt{2}} = \boldsymbol{\frac{\sqrt{6}+\sqrt{2}}{2}}$$

➡ **注** 数Ⅱの知識を用いると，直接 $\sin 75°$ を扱うことができる．
$$AB = 2\sin 75° = 2\sin(45°+30°)$$
$$= 2\sin 45° \cos 30° + 2\cos 45° \sin 30°$$
$$= 2 \cdot \frac{\sqrt{2}}{2} \cdot \frac{\sqrt{3}}{2} + 2 \cdot \frac{\sqrt{2}}{2} \cdot \frac{1}{2} = \frac{\sqrt{6}+\sqrt{2}}{2}$$

6 （2）（3）が例題のテーマ．（3）面積を経由して長さを求める．他，（1）…余弦定理，（2）…角の二等分線の定理，（4）…正弦定理，（5）…方べきの定理と正弦定理，である．

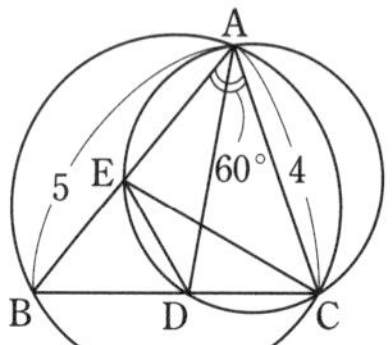

解（1） △ABC に余弦定理を用いて，
$$BC^2 = 5^2 + 4^2 - 2 \cdot 5 \cdot 4 \cos 60°$$
$$= 21$$
$$\therefore BC = \boldsymbol{\sqrt{21}} \cdots\cdots\cdots ①$$

（2） AD が ∠BAC の二等分線であることより，
$$BD:DC = AB:AC$$
$$= 5:4 \cdots\cdots\cdots ②$$

△ABC と △ABD は BC，BD を底辺と見ると高さが等しいから，
$$△ABC:△ABD = BC:BD = \boldsymbol{9:5}$$

（3） △ABD + △ACD = △ABC より，
$$\frac{1}{2} \cdot 5 AD \sin 30° + \frac{1}{2} \cdot 4 AD \sin 30° = \frac{1}{2} \cdot 5 \cdot 4 \sin 60°$$
$$\therefore AD = \boldsymbol{\frac{20\sqrt{3}}{9}}$$

（4） ①，② より，
$$CD = BC \times \frac{4}{5+4} = \sqrt{21} \times \frac{4}{9} = \frac{4\sqrt{21}}{9}$$

△ACD の外接円の半径を R とすると，正弦定理により，$R = \dfrac{CD}{2\sin 30°} = \boldsymbol{\dfrac{4\sqrt{21}}{9}}$

（5） $BD = BC - CD = \dfrac{5\sqrt{21}}{9}$
方べきの定理より，
$$BA \cdot BE = BD \cdot BC$$
$$\therefore 5BE = \frac{5\sqrt{21}}{9} \cdot \sqrt{21} \quad \therefore BE = \frac{7}{3}$$
よって，$AE = AB - BE = 5 - \dfrac{7}{3} = \boldsymbol{\dfrac{8}{3}}$

一方，△AEC に正弦定理を用いて，$\dfrac{CE}{\sin 60°} = 2R$

$$\therefore CE = 2R \sin 60° = 2 \cdot \frac{4\sqrt{21}}{9} \cdot \frac{\sqrt{3}}{2} = \boldsymbol{\frac{4\sqrt{7}}{3}}$$

7 （1） 右図のように，円外の点 P から 2 接線 PA，PB を引くと，OP は ∠APB の二等分線になる．

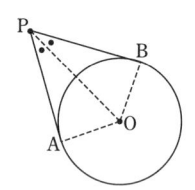

角度を追いかけて，四角形 ADFG が長方形であることを示す．

（2） 角の二等分線の定理，相似形の性質を用いる．

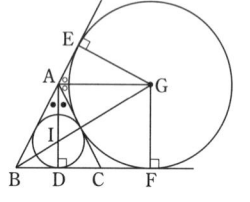

解（1）
I は △ABC の内心 ……… ①
なので，AI は ∠BAC の二等分線．

G は △ABC の傍心 ……… ②
なので，AG は ∠CAE の二等分線である．

等しい角に印をつけると，A の周りで，
●● + ○○ = 180°
∠GAD = ● + ○ = 180° ÷ 2 = 90°
∠ADF = 90°，∠GFD = 90° なので，四角形 ADFG は長方形．よって，AD = GF

（2） D は BC の中点であるから，
$$AD = \sqrt{AB^2 - BD^2} = \sqrt{7^2 - 3^2} = 2\sqrt{10}$$

① より BI は ∠ABC の二等分線．② より同様に BG は ∠ABC の二等分線である．よって，B，I，G は一直線上にある．

角の二等分線の性質より，
$$AI:ID = AB:BD = 7:3$$
$$\therefore ID = AD \times \frac{3}{7+3} = 2\sqrt{10} \times \frac{3}{10} = \frac{3\sqrt{10}}{5}$$
$$\therefore BI = \sqrt{BD^2 + ID^2} = \sqrt{3^2 + \left(\frac{3\sqrt{10}}{5}\right)^2}$$
$$= 3\sqrt{1^2 + \left(\frac{\sqrt{10}}{5}\right)^2} = \frac{3\sqrt{35}}{5}$$

△IGA ∽ △IBD であり，相似比は IA:ID = 7:3 であるから，
$$IG = \frac{7}{3} IB = \frac{7}{3} \cdot \frac{3\sqrt{35}}{5} = \boldsymbol{\frac{7\sqrt{35}}{5}}$$

8 接する円の中心どうしを結んだ線分を描いて考えよう．
（4） 途中 $\sqrt{\ }$ が出てくるが，ひるまずに進むべし．
解 C の中心を O とする．

（1） O_1 と O_2 の接点を T, O_1 と O の接点を U とする.

対称性より, $r_1=r_2=r_3$

$\triangle O_1O_2O_3$ は正三角形で, O はその重心であるから, $\triangle O_1TO$ は, $30°$ 定規の形であり, $O_1T=r_1$ より,

$$O_1O=\frac{2}{\sqrt{3}}r_1$$

$UO=UO_1+O_1O$ ∴ $R=r_1+\frac{2}{\sqrt{3}}r_1$

∴ $r_1=\frac{\sqrt{3}}{2+\sqrt{3}}R=\sqrt{3}(2-\sqrt{3})R=(2\sqrt{3}-3)R$

（2） O_2 と O_3 の接点を V とする.

$\triangle O_1O_2V$ は直角二等辺三角形であり,

$\sqrt{2}\,O_2V=O_1O_2$

∴ $\sqrt{2}\,r_2=r_1+r_2$

∴ $r_1=(\sqrt{2}-1)r_2$

∴ $r_2=(\sqrt{2}+1)r_1$

$O_1O=R-r_1$

$OV=|OO_1-O_1V|=|(R-r_1)-r_2|$
$=|R-(r_1+r_2)|=|R-\sqrt{2}\,r_2|$

$O_2O=R-r_2$, $O_2V=r_2$

$\triangle O_2OV$ に三平方の定理を用いて,

$(R-r_2)^2=(R-\sqrt{2}\,r_2)^2+r_2^2$

∴ $-2r_2R=2r_2^2-2\sqrt{2}\,r_2R$ ∴ $-R=r_2-\sqrt{2}\,R$

∴ $r_2=(\sqrt{2}-1)R$

∴ $r_1=(\sqrt{2}-1)r_2=(\sqrt{2}-1)^2R=(3-2\sqrt{2})R$

（3） $r_2=\frac{R}{2}$ のとき, O_2, O_3 は O を通り, 右図のように V=O になる.

$O_1O=R-r_1$

$O_1O_2=r_1+r_2=r_1+\frac{R}{2}$

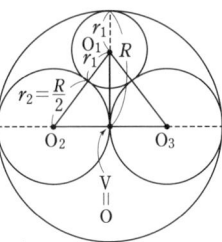

$O_2V=\frac{R}{2}$

$\triangle O_1O_2V$ に三平方の定理を用いて,

$$\left(r_1+\frac{R}{2}\right)^2=(R-r_1)^2+\left(\frac{R}{2}\right)^2$$

∴ $r_1R=R^2-2r_1R$ ∴ $r_1=R-2r_1$ ∴ $r_1=\frac{R}{3}$

（4） $O_2O=R-r_2$, $O_2V=r_2$ より, $\triangle O_2OV$ に三平方の定理を用いて,

$(R-r_2)^2=OV^2+r_2^2$

∴ $OV=\sqrt{R^2-2r_2R}$

$O_1O=R-r_1=R-\frac{R}{2}=\frac{R}{2}$

$\triangle O_1O_2V$ に三平方の定理を用いて,

$$\left(\frac{R}{2}+r_2\right)^2=\left(\frac{R}{2}+\sqrt{R^2-2r_2R}\right)^2+r_2^2$$

∴ $Rr_2=R\sqrt{R^2-2r_2R}+R^2-2r_2R$

∴ $3r_2-R=\sqrt{R^2-2r_2R}$

∴ $9r_2^2-6r_2R=-2r_2R$

∴ $r_2=\frac{4}{9}R$

9 直方体の隣り合わない4個の頂点を結んでできる四面体は各面が合同な四面体である．逆に4つの面が合同な四面体は直方体に埋め込むことができる．この四面体は，直方体から四面体の各面が切り口となるように4隅を切り落とすことで得られるので，これを利用して体積計算をする．

解 横縦高さが x, y, z の直方体から4隅を落として題意の四面体 A-LMN になった（右図）とする．

a, b, c が各面の対角線の長さであることから，

$y^2+z^2=a^2$ ………①
$z^2+x^2=b^2$ ………②
$x^2+y^2=c^2$ ………③

これらを辺ごとに足して，

$2(x^2+y^2+z^2)=a^2+b^2+c^2$

∴ $x^2+y^2+z^2=\frac{1}{2}(a^2+b^2+c^2)$ ……………④

④－①により

$x^2=\frac{1}{2}(a^2+b^2+c^2)-a^2=\frac{1}{2}(b^2+c^2-a^2)$

∴ $x=\sqrt{\frac{b^2+c^2-a^2}{2}}$

同様にして，

$y=\sqrt{\frac{c^2+a^2-b^2}{2}}$, $z=\sqrt{\frac{a^2+b^2-c^2}{2}}$

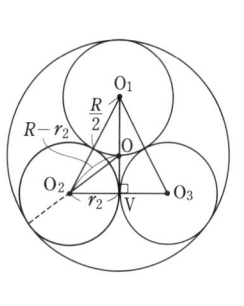

直方体から切り落とす四面体 O-LMN の体積は,
$$\frac{1}{3}\cdot\triangle\text{OLM}\cdot\text{ON}=\frac{1}{3}\cdot\frac{1}{2}xy\cdot z=\frac{1}{6}xyz$$

直方体から切り落とす4つの四面体の体積は,どれも $\frac{1}{6}xyz$ であり,求める体積は,

$$xyz-\frac{1}{6}xyz\times 4=\frac{1}{3}xyz$$
$$=\frac{\sqrt{2}}{12}\sqrt{(b^2+c^2-a^2)(c^2+a^2-b^2)(a^2+b^2-c^2)}$$

➡注 鋭角三角形なので,$b^2+c^2-a^2>0$ などは成り立っている.左辺は余弦定理より,$2bc\cos A$ と書くことができるからである.

10 (2) OB がつながっている展開図を描いて考える.(3) OE が高さになる.

解 (1) 四角錐 O-ABCD は正四角錐であり,O から底面 ABCD に下ろした垂線の足を H とすると,H は正方形 ABCD の中心である.

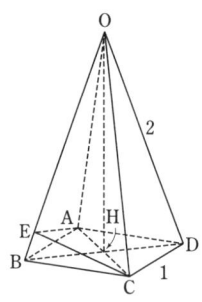

よって,
$$\text{BH}=\frac{\text{BD}}{2}=\frac{\sqrt{2}}{2}$$
$$\text{OH}=\sqrt{\text{OB}^2-\text{BH}^2}$$
$$=\sqrt{2^2-\left(\frac{\sqrt{2}}{2}\right)^2}$$
$$=\frac{\sqrt{14}}{2}$$

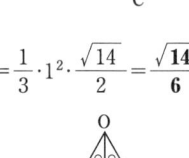

求める体積は,
$$V_1=\frac{1}{3}\cdot(\text{正方形 ABCD})\cdot\text{OH}=\frac{1}{3}\cdot 1^2\cdot\frac{\sqrt{14}}{2}=\frac{\sqrt{14}}{6}$$

(2) 四角錐の2面,△OAB,△OBC を OB でつなげて展開すると右図のようになる.

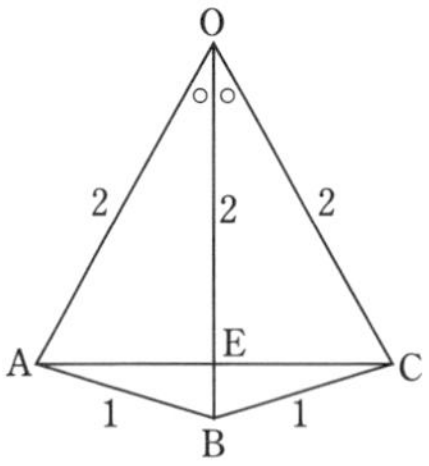

AE+EC が最小になるとき,A, E, C は一直線上にある.△OAC は二等辺三角形であり,OB は ∠AOC の角の二等分線なので,∠OEA=∠OEC=90°.

よって,立体で考えて,平面 AECF は OE と垂直である.立体を平面 OBD で切断すると右図のようになる.

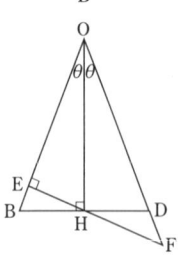

∠BOH=∠DOH=θ とする.
$$\cos\theta=\frac{\text{OH}}{\text{OB}}=\frac{\sqrt{14}}{2\cdot 2}=\frac{\sqrt{14}}{4}\quad\cdots\cdots\text{①}$$

$$\text{BD}=\sqrt{2}$$
△OBD で余弦定理を用いて,
$$\cos 2\theta=\frac{2^2+2^2-2}{2\cdot 2\cdot 2}=\frac{3}{4}$$

①から,$\text{OE}=\text{OH}\cos\theta=\frac{\sqrt{14}}{2}\cdot\frac{\sqrt{14}}{4}=\frac{7}{4}$

OE=OF cos 2θ により,
$$\text{OF}=\frac{\text{OE}}{\cos 2\theta}=\frac{7}{4}\cdot\frac{4}{3}=\frac{7}{3}$$

(3) $\text{EF}=\sqrt{\text{OF}^2-\text{OE}^2}=\sqrt{\left(\frac{7}{3}\right)^2-\left(\frac{7}{4}\right)^2}=\frac{7\sqrt{7}}{12}$

OE⊥平面 AECF および,AC⊥平面 OBD に注意して,
$$V_2=\frac{1}{3}\cdot(\text{四角形 AECF})\cdot\text{OE}$$
$$=\frac{1}{3}\cdot\frac{1}{2}\cdot\text{AC}\cdot\text{EF}\cdot\text{OE}\quad(\because\text{AC}\perp\text{EF})$$
$$=\frac{1}{3}\cdot\frac{1}{2}\cdot\sqrt{2}\cdot\frac{7\sqrt{7}}{12}\cdot\frac{7}{4}=\frac{49\sqrt{14}}{288}$$

11 正四面体の2つの面のなす角を α,正八面体の2つの面のなす角を β とする.$\alpha+\beta=180°$ であることを示せばよい.

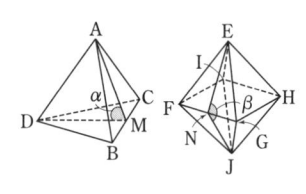

解 正四面体の2つの面のなす角を α,正八面体の2つの面のなす角を β,1辺の長さを1とする.BC の中点を M,FG の中点を N とすると,
$$\alpha=\angle\text{AMD},\ \beta=\angle\text{ENJ}$$

A から △BCD に垂線を下ろし,その足を K とする.K は △BCD の重心であり,中線 DM 上にある. 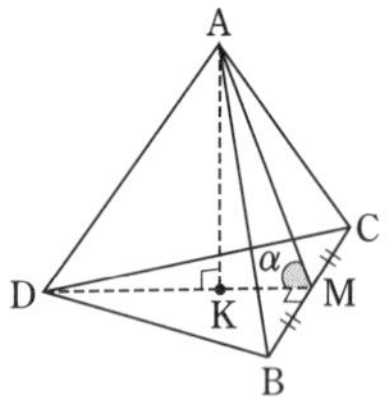
$$\text{KM}:\text{DM}=1:3$$
$$\therefore\ \cos\alpha=\frac{\text{MK}}{\text{AM}}=\frac{\text{MK}}{\text{DM}}=\frac{1}{3}$$

E から正方形 FGHI に垂線を下ろし,その足を L とする.対称性より,L は直線 EJ 上にある.
$$\text{EN}=\text{EF}\sin 60°=\frac{\sqrt{3}}{2}$$

対称性より,
$$\text{LN}=\frac{1}{2}$$

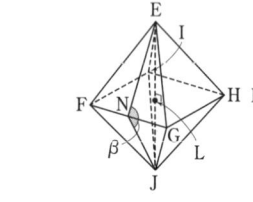

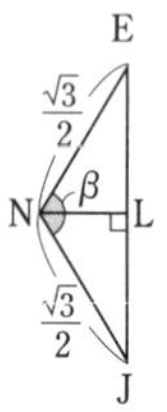

$$EL = \sqrt{EN^2 - LN^2}$$
$$= \sqrt{\left(\frac{\sqrt{3}}{2}\right)^2 - \left(\frac{1}{2}\right)^2} = \frac{\sqrt{2}}{2}$$

$EJ = 2EL = \sqrt{2}$

△ENJ に関して余弦定理を用いて,

$$\cos\beta = \frac{\left(\frac{\sqrt{3}}{2}\right)^2 + \left(\frac{\sqrt{3}}{2}\right)^2 - (\sqrt{2})^2}{2 \cdot \frac{\sqrt{3}}{2} \cdot \frac{\sqrt{3}}{2}} = -\frac{1}{3}$$

$0° < \alpha < 180°$, $0° < \beta < 180°$ であり, $\cos\alpha = -\cos\beta$ なので, $\alpha + \beta = 180°$

B, C, D, J は同一平面上にある.

別解 正四面体の各辺の中点を結ぶと正八面体をつくることができる. 右図のように頂点に名前をつけて, 正四面体 ABCD の面 ABC と正八面体 EFGHIJ の面 EGF を合わせると, B, C, D, F, G, J が同一平面上 (元の正四面体の底面上) にあることがわかる.

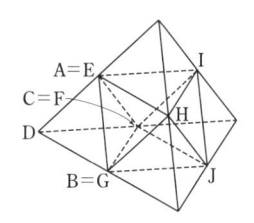

12 (1)(i)の前半は $x=3$ を代入して分母を払うと p.65, 例題(ア)の形になる.
(ii) 対等性を用いて(i)に帰着.
(2) mp, nf はそれぞれ頂点, 辺の延べ数と捉える. p, f を消去して方程式を解く.

解 (1)(i) $\frac{1}{x} + \frac{1}{y} - \frac{1}{z} = \frac{1}{2}$ ……………①

に $x=3$ を代入して,

$$\frac{1}{3} + \frac{1}{y} - \frac{1}{z} = \frac{1}{2} \quad \therefore \quad \frac{1}{y} - \frac{1}{z} = \frac{1}{6}$$

分母を払って整理すると,

$$yz + 6y - 6z = 0 \quad \therefore \quad (y-6)(z+6) = -36$$

$y \geq 3$ より, $y - 6 \geq -3$. また, $z \geq 1$ より, $z + 6 \geq 7$
よって,

$y-6$	-3	-2	-1
$z+6$	12	18	36

答えは, $(y, z) = (3, 6), (4, 12), (5, 30)$
次に, $x \geq 4$, $y \geq 4$ とすると, ①の左辺は,

$$\frac{1}{x} + \frac{1}{y} - \frac{1}{z} \leq \frac{1}{4} + \frac{1}{4} - \frac{1}{z} = \frac{1}{2} - \frac{1}{z} < \frac{1}{2}$$

となるので, 不成立.
したがって, $x \geq 4$ であれば, $y = 3$.

(ii) $x = 3$ のとき, (i)より,
$(x, y, z) = (3, 3, 6), (3, 4, 12), (3, 5, 30)$
$x \geq 4$ のとき, $y = 3$ であり, x, y は対等なので, $y = 3$ であれば(i)の解答を用いて,
$(x, y, z) = (4, 3, 12), (5, 3, 30)$
結局, x, y, z の組は,
$(\boldsymbol{x, y, z}) = (\boldsymbol{3, 3, 6}), (\boldsymbol{3, 4, 12}), (\boldsymbol{3, 5, 30}),$
$\quad (\boldsymbol{4, 3, 12}), (\boldsymbol{5, 3, 30})$
の 5 通り.

(2) 1つの頂点から m 本の辺が出ているから, 立体の辺をバラして考えると, 頂点の個数は mp 個. 1本の辺には両端に2個の頂点があるから, $\boldsymbol{mp = 2e}$

立体の面をバラして考えると, 1つの面には n 本の辺があり, 面数は f 個あるから, 辺の個数は nf 本. 立体の1本の辺は, バラした面の2本の辺が集まってできているので, $\boldsymbol{nf = 2e}$

$p = \frac{2e}{m}$, $f = \frac{2e}{n}$ を $p + f - e = 2$ に代入すると,

$\frac{2e}{m} + \frac{2e}{n} - e = 2$ となり, 各辺を $2e$ で割って

$$\frac{1}{m} + \frac{1}{n} - \frac{1}{2} = \frac{1}{e} \quad \therefore \quad \frac{1}{m} + \frac{1}{n} - \frac{1}{e} = \frac{1}{2} \cdots\cdots②$$

1つの頂点に集まる辺の数は3以上なので, $m \geq 3$
面の形は三角形以上なので, $n \geq 3$
よって, (1)の答えを用いて,
$(m, n, e) = (3, 3, 6), (3, 4, 12), (3, 5, 30),$
$\quad (4, 3, 12), (5, 3, 30)$
正多面体は全部で **5種類**しか存在しない.

このうち, $p = \frac{2e}{m}$ を最大にするものは, $m = 3$, $\boldsymbol{e = 30}$ のときであり, $n = 5$

$$\boldsymbol{p} = \frac{2e}{m} = \frac{2 \cdot 30}{3} = \boldsymbol{20}, \quad \boldsymbol{f} = \frac{2e}{n} = \frac{2 \cdot 30}{5} = \boldsymbol{12}$$

ミニ講座・8
立体の埋め込み

○立方体と正四面体

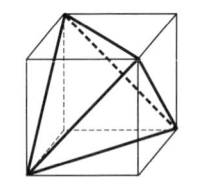

立方体の隣り合わない頂点を結ぶと正四面体になります．なぜなら，右図の太線の四面体は，1辺の長さがすべて立方体の面の対角線に等しいからです．正四面体は立方体に埋め込まれているのです．この関係を用いることで，正四面体に関する問題が，解きやすくなることがあります．

例題 1.

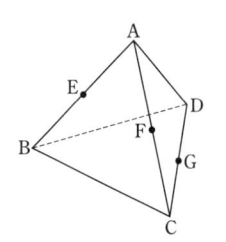

1辺の長さが a の正四面体 ABCD がある．各辺の中点に図のように名前を付ける．このとき，以下の値を求めよ．

（1）EG の長さ
（2）E, F, G を通る平面で，正四面体を切った場合，切り口の面積
（3）正四面体の体積
（4）A, B, C, D を通る球の半径
（5）各辺に接する球の半径
（6）正四面体の高さ
（7）正四面体のすべての面に接する球の半径

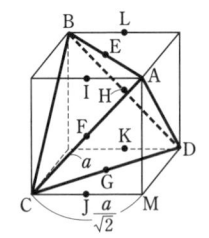

【解説】 右図のように正四面体を立方体に埋め込む．

右図で正方形の対角線が正四面体の1辺 a なので，立方体の1辺の長さは，

$$\frac{a}{\sqrt{2}} \quad (=b \text{ とおく})$$

（1）E は立方体上面の正方形の中心で，G は立方体底面の正方形の中心になっている．よって，これらを結んだ EG は立方体の高さに等しい．$EG = b = \dfrac{a}{\sqrt{2}}$

（2）E, F, G を通る平面で正四面体を切ることは，立方体を側面に平行な平面で二等分することなので，この平面は BD の中点 H を通る．E, F, G, H を結ぶと，対角線が b の正方形になる．

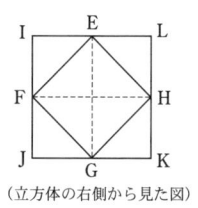

この正方形の面積は，
$$\frac{1}{2}b^2 = \frac{1}{4}a^2$$

（立方体の右側から見た図）

（3）正四面体を，立方体から4つの三角錐を切り落とした図形と捉える．

三角錐 ACMD の体積は，
$$\frac{1}{3} \times \left(\frac{1}{2}b^2\right) \times b = \frac{1}{6}b^3$$

となり他も同じなので，正四面体の体積は，
$$b^3 - 4 \times \frac{1}{6}b^3 = \frac{1}{3}b^3 = \frac{\sqrt{2}}{12}a^3$$

（4）立方体の中心を O（BM の中点）とする．O から，立方体の頂点までの距離はすべて等しいので，この長さを求めればよい．立方体の1辺の長さと対角線（BM）の長さの比は $1:\sqrt{3}$ なので，

$$BM = \sqrt{3}\,b = \frac{\sqrt{6}}{2}a \quad \text{球の半径は，} BO = \frac{BM}{2} = \frac{\sqrt{6}}{4}a$$

（5）立方体の各面に接する球は，立方体の各面の中心で接するので，正四面体の各辺の中点で接することになる．この球の直径は b，半径は $\dfrac{1}{2}b = \dfrac{\sqrt{2}}{4}a$

（6）正四面体の高さを h とする．底面となる正三角形の面積は，$\dfrac{\sqrt{3}}{4}a^2$ なので，正四面体の体積について式を立てると，(3) から，

$$\frac{1}{3} \times \frac{\sqrt{3}}{4}a^2 \times h = \frac{\sqrt{2}}{12}a^3 \quad \therefore \quad h = \frac{\sqrt{2}}{\sqrt{3}}a = \frac{\sqrt{6}}{3}a$$

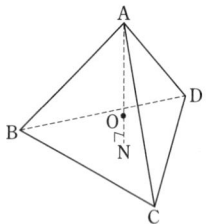

（7）内接球の中心は，立方体の中心 O に一致する．また，A から BCD に下ろした垂線の足を N とすると O は AN 上にあり，求める半径は ON に等しい．(6)，(4) より，

$$ON = AN - AO = \frac{\sqrt{6}}{3}a - \frac{\sqrt{6}}{4}a = \frac{\sqrt{6}}{12}a$$

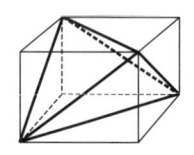

これの拡張として，"各面が合同な四面体（等面四面体）は，直方体に埋め込むことができる"という事実を押さえておきたい．入試で頻出．（☞ p.104）

○正八面体と正四面体

正八面体が次のように特徴づけられることを知っておくと，問題が解きやすくなることがあります．

a 立方体の各面の中心を結んでできる立体
b 正四面体の各辺の中点を結んでできる立体

例題 2.

1辺の長さが a の正八面体 ABCDEF がある．このとき，以下の値を求めよ．

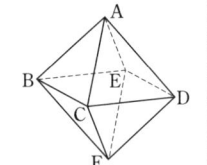

（1）AF の長さ
（2）正八面体の体積
（3）A, B, C, D, E, F を通る球の半径
（4）2平面 ABC と DEF との間の距離
（5）正八面体の各面に接する球の半径
（6）BF, CF, CD をそれぞれ1:2に内分する点を K, L, M とする．K, L, M を通る平面で正八面体を切ったときの切断面の面積

【解説】右図のように，正八面体を立方体に埋め込む．

右図で，△GHI に中点連結定理を用いると，HI=2AC=$2a$ となる．よって，立方体の1辺は $\sqrt{2}a$ である．これは前問での立方体の1辺の2倍になっている．

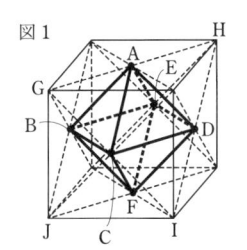

（1）立方体の1辺の長さに等しいので，$\sqrt{2}\,a$

（2）求める立体を平面 BCDE で2つの正四角錐に分ける．正方形 BCDE の面積は a^2．正四角錐 A-BCDE の体積の2倍が求める体積で，

$$\left(\frac{1}{3}\times a^2\times\frac{\sqrt{2}}{2}a\right)\times 2=\frac{\sqrt{2}}{3}a^3$$

（3）この球は，立方体の各面に接する内接球である．半径は，$\dfrac{\sqrt{2}}{2}a$

（4）正八面体が，正四面体の各辺の中点を結んだ立体だと考える．側面の正三角形に中点連結定理を用いて，正四面体の1辺の長さは $2a$ である．中点連結定理により，△ABC は底面と平行，すなわち△DEF と平行である．よって，求める高さは，正四面体の高さの半分である．前例題より，正

四面体の1辺と高さの比は，$\sqrt{3}:\sqrt{2}=3:\sqrt{6}$ なので，正四面体の高さは，$2a\times\dfrac{\sqrt{6}}{3}$．

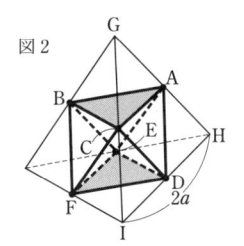

求める距離 h はその半分で，$2a\times\dfrac{\sqrt{6}}{3}\times\dfrac{1}{2}=\dfrac{\sqrt{6}}{3}a$

➡注 平行四辺形 AJFH を含む断面図を考え，HF を底辺と見たときの平行四辺形の高さを求めてもよい．

（5）（4）の平行な上面と下面とに接するので，球の半径は h の半分で，$\dfrac{\sqrt{6}}{3}a\times\dfrac{1}{2}=\dfrac{\sqrt{6}}{6}a$

（6）図2を △ABC に垂直な方向から見ると，図3のように見える．△EFD を底面と見たとき，K, L, M の高さは等しいので，K, L, M を通る平面は△EFD に平行である．よって，この平面と BE, AE, AD との交点は，各辺を1:2に内分する点になる．

図3で正六角形 EBFCDA の面積は △EFD の2倍の $\dfrac{\sqrt{3}}{4}a^2\times 2$ であり，これを S とおくと，図3で

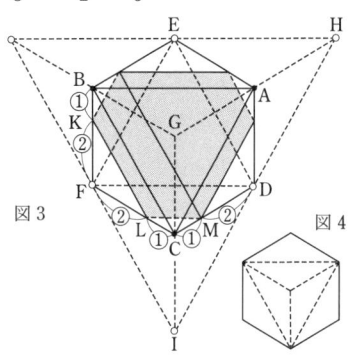

△FBC=$\dfrac{1}{6}S$（図4参照），

△FKL=$\dfrac{1}{6}S\times\left(\dfrac{2}{3}\right)^2$, △CLM=$\dfrac{1}{6}S\times\left(\dfrac{1}{3}\right)^2$

図3で網目部の面積は，

$$\left[1-3\times\left\{\dfrac{1}{6}\times\left(\dfrac{2}{3}\right)^2+\dfrac{1}{6}\times\left(\dfrac{1}{3}\right)^2\right\}\right]S=\dfrac{13\sqrt{3}}{36}a^2$$

○その他の関係

上の他にも埋め込み関係をあげてみましょう．

c 正八面体の各面の中心を結ぶと立方体になる．
d 正十二面体の各面の中心を結ぶと正二十面体になる．
e 正二十面体の各面の中心を結ぶと正十二面体になる．
f 正十二面体の20個の頂点の中から，対称な位置にある8個を選んで結ぶと立方体になる．

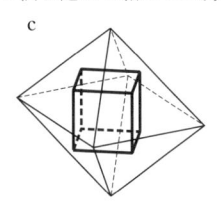

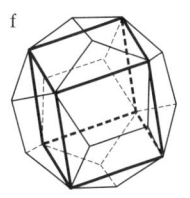

ミニ講座・9 作図

定規とコンパスだけを用いて与えられた条件を満たす図形をかくことを「作図」と言います．定規とコンパスは，次のように用いるものとします．

> ［定規］：与えられた2点を通る直線を引く．
> ［コンパス］：与えられた1点を中心として，
> 　　　　　　　与えられた半径の円をかく．

したがって，2枚の三角定規を用いて平行線をかくこと，分度器を用いて角を等分することは，上の意味での「作図」ではありません．

基本的な作図を確認しておきましょう．

1 線分 AB の垂直二等分線の作図
① 2点 A, B を中心として等しい半径の円をかき，その交点を P, Q とする．
② 2点 P, Q を通る直線が AB の垂直二等分線である．

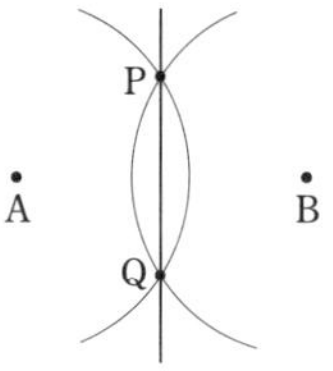

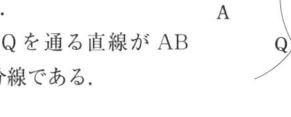

2 ∠AOB の角の二等分線の作図
① O を中心とした円弧をかき，OA, OB との交点を P, Q とする．
② P, Q を中心として等しい半径の円弧を2つかき，交点を R とする．OR が角の二等分線である．

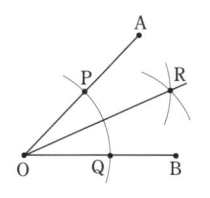

3 1点 A を通り，直線 l に垂直な直線の作図
① A を中心とした円弧をかき，l との交点を P, Q とする．
② P, Q を中心として等しい半径の2つの円弧をかき，交点を R とする．AR が l に垂直な直線である．

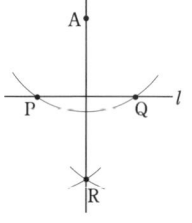

4 1点 A を通り，直線 l に平行な直線 m の作図
① 直線 l 上に点 P, Q をとる．
② Q を中心，AP を半径にして円弧をかき，A を中心，PQ を半径にして円弧をかく．
2つの円弧の交点を R とする．AR が l に平行な直線 m である．

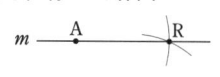

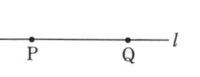

これらの基本作図を踏まえて，以下のような作図もチェックしておきましょう．

5 線分 AB を 2：1 に内分する点の作図
① 半直線 AX を引き，AX 上に点 P, Q を AP：PQ＝2：1 となるようにとる．
② P を通り，QB に平行な直線 l を引き（4を用いる），線分 AB と l の交点を R とする．
R が AB を 2：1 に内分する点である．

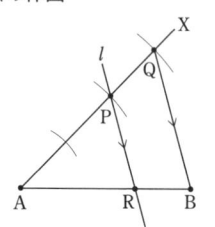

6 円 C の外側の1点 A から中心 O が与えられている円 C に引いた接線の作図
① 円 C の中心 O と A を直径の両端とする円をかく（中心を1を利用して定める）．この円と円 C の交点を P, Q とする．
② AP, AQ が接線である．
［証明］ AO が直径なので，円周角の定理より， 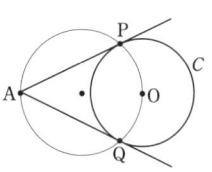
∠APO＝90°，∠AQO＝90°である．
よって，AP, AQ は円 C の接線である．

7 三角形 ABC の外心の作図
AB の垂直二等分線（1を用いる）と BC の垂直二等分線の交点を O とする．
O が外心である．

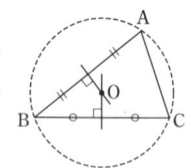

8 三角形 ABC の内心の作図
∠ABC の二等分線（2を用いる）と∠BCA の二等分線の交点を I とする．
I が内心である．

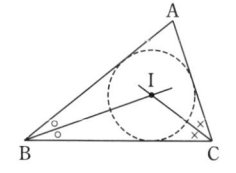

⑨ **長方形 ABCD と同じ面積を持つ正方形の作図**
① 長方形 ABCD の辺 BC の延長上に CE=DC となるように E をとる.
② BE を直径とする円をかく. 辺 CD の延長線と円の交点を F とする. CF が求める正方形の1辺である. 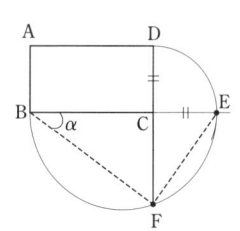
［証明］∠CBF=α とすると,
∠BFC=$90°-\alpha$
BE が円の直径なので, 円周角の定理より,
∠BFE=$90°$. よって,
∠CEF=$180°-90°-\alpha=90°-\alpha$
よって, ∠BFC=∠FEC.
直角三角形 △BFC と △FEC は相似である.
したがって,
BC : FC=FC : EC ∴ $FC^2=BC \cdot EC$
∴ $FC^2=BC \cdot CD$
FC を1辺とする正方形の面積は, 長方形 ABCD の面積に等しい.

⑩ **線分 AB を1辺として持つ正五角形の作図**
① AB の垂直二等分線をかく. 垂直二等分線と AB の交点を M とする.
② 垂直二等分線上に AB=MC となるように C をとる.
③ 線分 AC の延長線上に CD=AM となるように D をとる. 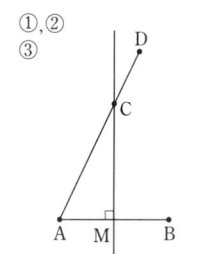
④ A を中心, AD を半径とする円弧をかき, 垂直二等分線との交点を E とする.
⑤ E を中心, AB を半径とする円をかき, A を中心, AB を半径とする円と, B を中心, AB を半径とする円との交点を F, G とする.
五角形 EFABG は正五角形である.

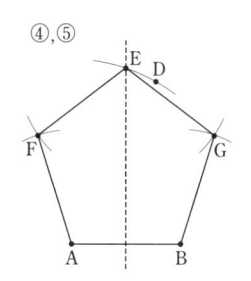

［証明］ 五角形 EFABG が正五角形であることを証明するには, p.98 の結果から, $\dfrac{AE}{AB}=\dfrac{1+\sqrt{5}}{2}$ であることを示せばよい.

$AC=\sqrt{AM^2+MC^2}=\sqrt{\left(\dfrac{AB}{2}\right)^2+AB^2}$
$=\sqrt{\left(\dfrac{1}{2}\right)^2+1^2}\,AB=\dfrac{\sqrt{5}}{2}AB$

$AE=AD=AC+CD=\dfrac{\sqrt{5}}{2}AB+\dfrac{AB}{2}=\dfrac{1+\sqrt{5}}{2}AB$

よって, $\dfrac{AE}{AB}=\dfrac{1+\sqrt{5}}{2}$

⑪ **直線 l 上の1点 A で接し, l 上にない1点 B を通る円の作図**
① A を通り l に垂直な直線 m を引く（③を用いる）.
② AB の垂直二等分線 n を引き（①を用いる）, m と n の交点を C とする.
C を中心, CA を半径とする円が求める円である.

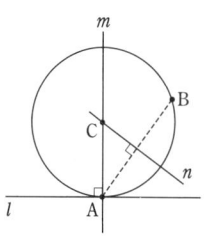

⑫ **△ABC の AB 上に P, BC 上に2点 Q, R, CA 上に S をとって, 四角形 PQRS が正方形となるときの P, Q, R, S の作図**
① AB 上に T をとり, T から BC に垂線を下ろし, 垂線の足を U とする.
② 右図のように TU を1辺とする正方形 TUVW をかく.
③ BW と CA の交点を S とする.
④ S を通って BC に平行な直線をかき, AB との交点を P とする. S, P から BC に垂線を下ろし, 垂線の足を R, Q とする. 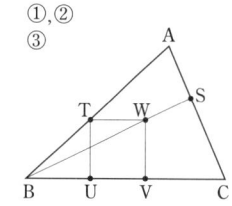
［証明］四角形 PQRS は, 正方形 TUVW を B を中心にして相似拡大した図形であり, 四角形 PQRS は正方形になる.（TW : PS=BW : BS=WV : SR に注意）

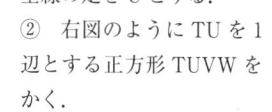

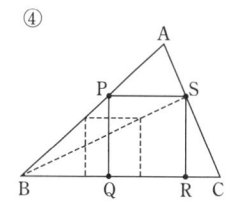

ミニ講座・10 一致法

メネラウスの定理（p.92），チェバの定理（p.92）では，"逆"が成り立ちます．

・メネラウスの定理の逆

△ABC の辺 AB 上に D，BC 上に E，AC の延長上に F をとる．

$$\frac{AD}{DB} \times \frac{BE}{EC} \times \frac{CF}{FA} = 1$$

を満たすとき，D, E, F は一直線上にある．

・チェバの定理の逆

△ABC の辺 AB 上に D，BC 上に E，CA 上に F をとる．

$$\frac{AD}{DB} \times \frac{BE}{EC} \times \frac{CF}{FA} = 1$$

を満たすとき，直線 AE, BF, CD は 1 点で交わる．

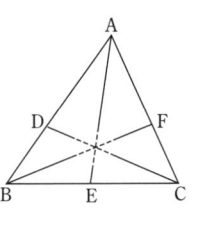

というものです．

これらを証明するのに使われるのが "一致法" と呼ばれる証明法です．

まずは，メネラウスの定理の逆を，この一致法で証明してみましょう．

[証明] D, E を通る直線と直線 AC の交点を F' とする．

△ABC とそれを切る直線上の D, E, F' について，メネラウスの定理を使うと，

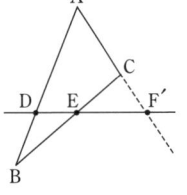

$$\frac{AD}{DB} \times \frac{BE}{EC} \times \frac{CF'}{F'A} = 1 \quad \cdots\cdots ①$$

一方，D, E, F については，問題の条件より，

$$\frac{AD}{DB} \times \frac{BE}{EC} \times \frac{CF}{FA} = 1 \quad \cdots\cdots ②$$

①，②より，

$$\frac{CF}{FA} = \frac{CF'}{F'A} \quad \cdots\cdots ③$$

この値を $\frac{n}{m}$ とすると，

③の左辺から，F は AC を $m:n$ に外分した点であり，③の右辺から，F' は AC を $m:n$ に外分した点であることがわかるので，F と F' は一致する．

D, E, F' が一直線上にあったので，D, E, F も一直線上にあることがわかる．

3 点を通る直線は描けるかわからないが，とりあえず 2 点を通る直線を引いて，そうしてできた 3 点目が，条件を満たす点と一致することを証明したわけです．

「D, E を通る直線と直線 AC の交点を F' とする」としたところがポイントです．

ここで紹介した一致法を，違う問題でも使えるようにまとめておきましょう．

> [一致法]
> 図形 F が A なる性質をもつことが直接証明できないとき，あらかじめ A なる性質をもつ図形 F' を作って，F と F' とが一致することによって証明する方法．

チェバの定理の逆もこの一致法で証明できます．

一致法はこのように "逆を証明する" ときにとくに威力を発揮します．

> **演習問題**
> チェバの定理の逆を一致法で証明せよ．

解 AB, BC, CA 上にとった D, E, F が

$$\frac{AD}{DB} \times \frac{BE}{EC} \times \frac{CF}{FA} = 1 \quad \cdots\cdots ①$$

を満たすとする．

BF, CD の交点を P とし，直線 AP と BC の交点を E' とする．チェバの定理により，

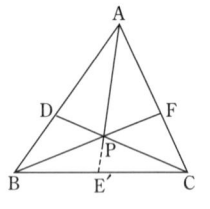

$$\frac{AD}{DB} \times \frac{BE'}{E'C} \times \frac{CF}{FA} = 1 \quad \cdots\cdots ②$$

①，②により，$\frac{BE'}{E'C} = \frac{BE}{EC}$ となり，E と E' は BC を内分する内分比が一致するので，同じ点である．

よって，①を満たすとき，AE, BF, CD は 1 点 P で交わる．

あ と が き

　本書をはじめとする『1対1対応の演習』シリーズでは，スローガン風にいえば，

　　志望校へと続く

バイパスの整備された幹線道路を目指しました．この目標に対して一応の正解のようなものが出せたとは思っていますが，100点満点だと言い切る自信はありません．まだまだ改善の余地があるかもしれません．お気づきの点があれば，どしどしご質問・ご指摘をしてください．

　本書の質問や「こんな別解を見つけたがどうだろう」というものがあれば，"東京出版・大学への数学・編集部宛（住所は下記）"にお寄せください．

　質問は原則として封書（宛名を書いた，切手付の返信用封筒を同封のこと）を使用し，**1通につき1件**でお送りください（電話番号，学年を明記して，できたら在学（出身）校・志望校も書いてください）．

　なお，ただ漠然と'この解説が分かりません'という質問では適切な回答ができませんので，'この部分が分かりません'とか'私はこう考えたがこれでよいのか'というように具体的にポイントをしぼって質問するようにしてください（以上の約束を守られないものにはお答えできないことがありますので注意してください）．

　毎月の「大学への数学」や増刊号と同様に，読者のみなさんのご意見を反映させることによって，100点満点の内容になるよう充実させていきたいと思っています．

（坪田）

小社のホームページ上に「1対1対応の演習」の部屋があります．本書の読者向けのミニ講座などを掲載しています．
https://www.tokyo-s.jp/1to1/
にアクセスして下さい．

大学への数学
1対1対応の演習／数学A [新訂版]

平成24年 3月30日　第 1 刷発行
令和 4 年 3月25日　第17刷発行

編　者　東京出版編集部
発行者　黒木美左雄
発行所　株式会社　東京出版
　　　　〒150-0012　東京都渋谷区広尾 3-12-7
　　　　電話 03-3407-3387　振替 00160-7-5286
　　　　https://www.tokyo-s.jp/

製版所　日本フィニッシュ
印刷所　光陽メディア
製本所　技秀堂

ⓒTokyo shuppan 2012 Printed in Japan
ISBN978-4-88742-179-0　（定価はカバーに表示してあります）